288道 婴幼儿餐

聪明宝贝健康吃

孙晶丹 主编

U0336567

新疆人民出版社
新疆人民卫生出版社

编辑室
报告

给宝宝多元化的营养

宝宝出生后，学到的第一件事就是吃东西，食物对宝宝的成长有重要的影响力。孩子能否健康成长，绝对离不开营养的均衡和正确的饮食习惯。宝宝渐渐长大后，只喝母乳已经无法满足身体所需的营养，因此需要吃辅食来补充不足的部分。

大约从宝宝4个月开始，就可以慢慢让宝宝尝试吃辅食，但一般市面上出售的辅食，就算标榜着天然、无添加物，在制作过程中也难免会有不清洁的地方，对于刚接触辅食的宝宝来说，很容易因食物中细菌的残留而引起腹泻、呕吐等不适症状。为了宝宝的健康着想，亲自动手制作辅食，不但能让宝宝吃到最天然纯净的营养，还可以视宝宝进食的情况，随时调整辅食的口味、分量，并搭配多元化的食材，变化出宝宝喜爱又营养均衡的婴幼儿餐。

阶段性调整宝宝的饮食习惯

宝宝吃辅食是要分阶段的，通常还没学会吞咽的阶段，都会先以水糊状的食物为主，随着月龄增长并以宝宝的反应来逐渐作调整。最主要是因为宝宝的咀嚼和消化功能尚未发育完全，不能充分消化和吸收食物中的营养，所以要根据宝宝的月龄，将食物烹调做到细、软、烂、熟。

一开始接触辅食的4～6个月宝宝，是学习吞咽的阶段；到了宝宝7～9个月时，则是使用上颚和舌头来压碎食物；等宝宝10个月大以后，大部分宝宝已长牙，会用牙齿和牙龈来咀嚼食物，喜欢有口感的东西；到了宝宝1岁之后，则以婴幼儿餐为主食，但还不能吃太油、太咸的食物。依照宝宝的阶段性需求来喂食，才能让宝宝吃得开心又营养！

目录 CONTENTS

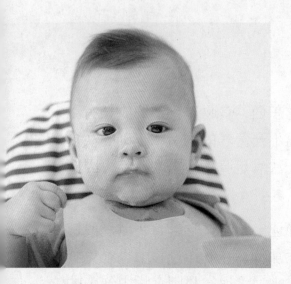

002　　编辑室报告

part 1
婴幼儿餐四阶段原则

012　　给宝宝吃辅食，必须采取"阶段性"喂
　　　　食原则
014　　宝宝吞咽期小常识
016　　宝宝压碎期小常识
018　　宝宝咀嚼期小常识
020　　宝宝幼儿期小常识

part 2
宝宝不可或缺的五大营养素

024　　热量的来源，来自于"糖类"的摄取
028　　细胞的修复，来自于"蛋白质"的摄取
032　　保护身体器官，来自于"脂肪"的摄取
036　　维持新陈代谢，来自于"维生素"的摄取
040　　维持身体健康，来自于"矿物质"的摄取

Part 3
吞咽期营养食谱 76 道

047　　意式综合根茎泥
047　　山药香葱泥
047　　菠菜薯泥
047　　蜜枣包菜糊
049　　双菜米糊
049　　洋葱西蓝花泥
049　　包菜芥菜汁
049　　韭菜泥
051　　西红柿汁
051　　胡萝卜玉米汁
051　　毛豆胡萝卜蒸蛋
051　　青椒红薯泥

053　　红到发紫粥
053　　黄瓜枸杞粥
053　　酪梨土豆泥
053　　白萝卜梨子汁
055　　双瓜菜菜泥
055　　黄绿红泥
055　　香蕉胡萝卜泥
055　　苹果香瓜汁
057　　枸杞海带冬瓜汤
057　　火龙果彩椒米糊
057　　葫芦蔬食泥
057　　彩椒绿笋泥

059　猕猴桃蕉泥
059　南瓜芋头浓汤
059　红枣木耳露
059　绿豆海带汤
061　肉末四季豆粥
061　果菜米饼
061　什锦菇菇高汤
061　白红黄吱吱泥
062　皇帝豆炖排骨汤
062　金莎豆腐泥
063　鸡肉舞菇粥
063　芹豆牛肉粥
064　包菜稀粥
064　香蕉菠萝稀粥
065　苹果稀粥
065　萝卜水梨稀粥
066　南瓜稀粥
066　南瓜蔬菜汤
067　南瓜拌核桃
067　蛋黄粥
068　绿椰胡萝卜粥
068　优酪乳白米粥
069　草莓米糊
069　小米牛奶粥
070　香蕉豆腐糊
070　香蕉酸奶
071　哈密瓜汁
071　哈密瓜米糊
072　红椒苹果泥

072　胡萝卜米糊
073　菜豆萝卜汤
073　水梨米糊
074　板栗米糊
074　蛋香土豆糊
075　麦粉糊
075　西蓝花豆浆
076　草莓牛奶粥
076　香橙南瓜糊
077　胡萝卜牛奶汤
077　包菜菠萝糊
078　香蕉牛奶糊
078　香蕉糊
079　菠菜牛奶稀粥
079　菠菜米糊
080　花菜米糊
080　西蓝花米粉糊
081　黄豆粉香蕉
081　丝瓜米泥
082　法式南瓜浓汤
082　土豆牛奶汤
083　苹果泥
083　鸡肉牛奶糊

Part 4
压碎期营养食谱 72 道

086	时蔬瘦肉泥	096	海带芽鸡肉粥
086	芥菜猪肉粥	097	鲜鱼萝卜汤
087	鲷鱼吐司浓汤	097	燕麦米粥
087	彩椒鲷鱼粥	098	玉米排骨粥
088	鸡肉鲜菇蔬菜粥	098	虾仁胡萝卜粥
088	香葱菠菜鱼泥粥	099	红薯板栗粥
089	菜肉土豆泥	099	南瓜包菜粥
089	甜柿原味酸奶	100	白萝卜菇菇粥
090	丝瓜炖牛肉粥	100	紫米上海青糊
090	鲭鱼丝瓜米粥	101	西蓝花炖苹果
091	金黄鸡肉粥	101	杏仁豆腐糯米粥
091	山药鲷鱼苋菜粥	102	土豆苹果甜粥
092	秀珍菇芦笋粥	102	南瓜豆腐泥
092	鸡汁秀珍菇肉粥	103	菠菜蛋黄糯米糊
093	三色炖鸡肉粥	103	豌豆香蕉布丁
093	养生时蔬高汤	104	包菜素面
094	豌豆三文鱼芝士粥	104	什锦蔬菜粥
094	菜肉胚牙粥	105	牛肉糊
095	鸡蓉豌豆苗粥	105	吐司玉米汤
095	活力红糙米粥	106	苋菜红薯糊
096	鸡肉糊	106	豌豆土豆粥

107　洋葱玉米片粥
107　红枣糯米糊
108　山药虾粥
108　包菜鸡汤面
109　菠萝苹果布丁
109　板栗鸡肉粥
110　芋头稀粥
110　红薯炖水梨
111　土豆豆粥
111　胡萝卜甜粥
112　梨栗南瓜粥
112　花菜苹果粥
113　红薯鸡肉粥
113　菠菜南瓜粥
114　豆腐茶碗蒸

114　鲜鱼肉泥
115　丁香鱼菠菜粥
115　鲷鱼豆腐粥
116　酪梨土豆米糊
116　酪梨紫米糊
117　南瓜鸡肉粥
117　菠菜优酪乳
118　奶香芋头泥
118　牛奶木瓜泥
119　豆腐四季豆粥
119　白菜鸡肉米糊
120　红苹萝卜粥
120　豆腐萝卜泥
121　西红柿牛肉粥
121　薏仁鳕鱼粥

Part 5
咀嚼期营养食谱 76 道

124　莲藕芋头糕
124　香苹葡萄布丁
125　素三鲜粥
125　虱目鱼肚蔬菜粥
126　莲藕玉米小排粥
126　芋头香菇芹菜粥
127　芝麻叶鸡蓉粥
127　金针菇炒蛋
128　南瓜椰菜野菇粥
128　田园红薯鸡肉粥
129　蔬果五鲜汁
129　水梨红苹莲藕汁
130　包菜通心面
130　萝卜肉粥
131　虾仁包菜饭
131　甜椒蔬菜饭
132　什锦面线汤
132　土豆芝士糊
133　小白菜粥

133　鸡肉炒饭
134　鸡肉包菜
134　豆腐蛋黄泥
135　豆腐蔬菜堡
135　南瓜味噌汤
136　香菇稀饭

136	南瓜煎果饼	148	芝士糯米粥
137	松茸鸡汤饭	148	鲜虾玉米汤
137	排骨炖油麦菜	149	花菜虾汤
138	牛肉松子粥	149	香葱豆腐泥
138	酱卷三明治	150	鸡肉蘑菇饭
139	火腿莲藕粥	150	蔬菜脆片粥
139	豆腐牛肉饭	151	蘑菇蒸牛肉
140	莲藕鳕鱼粥	151	甜红薯丸子
140	秋葵香菇粥	152	紫菜小鱼粥
141	牛肉豌豆粥	152	海带山药虾粥
141	紫茄芝士泥	153	三角面皮汤
142	海带鸡肉粥	153	香甜排骨粥
142	鲷鱼白菜粥	154	鱼肉馄饨汤
143	西蓝花炖饭	154	菠菜意大利面
143	豌豆蘑菇粥	155	豆皮菠菜饭
144	嫩鸡萝卜粥	155	南瓜虾炒饭
144	鳕鱼白菜面	156	金枪鱼丸子汤
145	蘑菇黑豆粥	156	肉泥洋葱饼
145	鸡肉玉米粥	157	蒸豆腐丸子
146	菜豆牛肉粥	157	哈密瓜饼
146	牛肉蘑菇粥	158	什锦稀饭
147	白菜萝卜汤	158	鲜虾花菜
147	白菜清汤面	159	金枪鱼蛋卷

159　蘑菇豆花汤
160　花生汤饭
160　香蕉蛋糕

161　红豆南瓜粥
161　香菇蔬菜面

Part 6
幼儿期营养食谱 64 道

165　火龙果西米捞
165　菇菇五谷粥
165　黑白冰激凌
165　牛蒡海带芽肉粥
167　鲜菇芝士饭
167　核桃豌豆苗粥
167　蔬菜松饼
167　红豆牛蒡炖肉饭
169　香橙牛肉炖饭
169　小白菜三文鱼焗饭
169　黑白双菇牛肉饭
169　豌豆核桃面疙瘩
171　鲈鱼糙米元气粥
171　鲈鱼巧达汤
171　多利鱼米粉汤
171　意式苋菜鱼排面
173　黄金芋泥肉丸子
173　牛肉秋葵炒饭
173　鲜彩木耳汤面
173　秋葵豆腐丸子汤
175　芝麻叶炖饭
175　鸡丝蛋炒饭
175　野菇时蔬炊饭
175　香蕉燕麦片饼干
177　鲷鱼葫芦馄饨汤
177　双果果冻
177　四四如意炒面
177　腰果牛肉蛋炒饭
179　土豆胡萝卜卷
179　什锦鲷鱼烩饭
179　三文鱼毛豆炒面
179　意式茄汁炖饭

181　南瓜菇菇鱼炖饭
181　香甜南瓜麦片
181　菠菜双菇烘蛋
181　南瓜宝宝肉饼
182　三鲜丝瓜汤
182　竹笋肉羹
182　蔬菜鸡肉羹
183　豌豆炒虾仁
183　莲藕薏仁排骨汤
183　鱼蛋饼
184　小黄瓜炒肉丝
184　木耳清蒸鳕鱼
184　豆腐肉丸
185　绿豆芽炒肉丝
185　鸡肉沙拉
185　罗宋汤
186　西芹炒中卷
186　蛋包南瓜丁
186　综合蒸蛋
187　红薯牛奶泥
187　小饭团
187　小饼干
188　胡萝卜炒蛋
188　培根彩蔬
188　白玉鲈鱼片
189　芝麻馒头
189　豆芽炒肉丝
189　金针丝瓜
190　牛奶土豆泥
190　米苔目汤
191　五彩彩菇
191　牛奶白菜汤

婴幼儿餐
四阶段原则

宝宝咀嚼食物需要一定的时间，所以要分阶段地喂食。大致可将宝宝吃辅食的阶段分为 4 ~ 6 个月的吞咽期、7 ~ 9 个月的压碎期、10 ~ 12 个月的咀嚼期以及 1 岁以后的幼儿期。

给宝宝吃辅食，
必须采取"阶段性"喂食原则

吃辅食要循序渐进

宝宝练习咀嚼牛奶以外的食物需要一定的时间，所以要一步一步慢慢来，分阶段地喂食。初期给予的辅食质地是软与稀的，主要是可以让宝宝直接吞咽下去；中期则是让宝宝利用舌头、牙龈和上颚压碎着吃；后期则是要让他们学会用牙龈和牙齿咀嚼食物。无论是哪个阶段，婴幼儿餐主要是让宝宝练习咀嚼，有别于一般亲喂母乳或是用奶瓶喝奶的进食习惯。

4～6个月为吞咽期

4～6个月宝宝吃辅食，主要是在练习吞咽食物和熟悉汤匙，因此不可一开始就大量喂食。最初喂食辅食的分量要从1小匙（5毫升）开始，再视宝宝进食的反应，2天增加1小匙。分量只是参考的标准，实际上必须视宝宝的食欲作调整，宝宝想吃多少就给多少。此外，应该在宝宝高兴舒适的时候，或喝奶之前喂辅食。

在这个时期，给予的辅食质地必须是软与稀的，主要是可以让宝宝直接吞咽下去，先以水糊状的食物为主，建议从10倍粥（米与水的比例为1：10）的米糊、稀释后的果汁或蔬菜汁开始给宝宝尝试。

7～9个月为压碎期

在宝宝7～9个月的时候，给予的辅食质地必须是半固体型态，主要是可以让宝宝直接利用上颚和舌头压碎食物，提升宝宝咀嚼的能力。这时期的辅食以粥状食物为主，建议从7倍的米粥（米与水的比例为1：7）、含有果粒的果汁或颗粒较粗的蔬菜泥等，慢慢给宝宝尝试，等宝宝习惯使用上颚和舌头压碎食物的咀嚼方式后，再慢慢增加辅食的浓稠度与颗粒大小。

宝宝所需的营养素，必须从多样化的食物中摄取，7～9个月宝宝的消化功能大大提升，可以尝试更多种类的食材。不同的食物有不同的营养成分，偏食与挑食的习惯会造成偏差的营养素摄取。特别是现代饮食西化，很多宝宝跟着爸爸妈妈成了外食族，吃下了许多不明的添加物及人工化合物，不但会影响宝宝的健康，也容易造成宝宝口味偏重或挑食。

在喂食宝宝的过程当中，爸爸妈妈可以观察到宝宝喜欢或讨厌哪些食物，通过这些观察，在烹调方式与食材选择当中，变化出不一样的辅食，利用各种烹调方法，让宝宝养成不挑食的良好饮食习惯。

10 ～ 12 个月为咀嚼期

宝宝在 10 个月之后，通常已经长出了 2 颗以上的牙齿，开始会利用牙龈和牙齿来咀嚼食物，因此喜欢吃比较有口感的辅食，可以将辅食切成小丁状，也能让宝宝吃一些可以拿在手中啃食的水果片、米饼等。

这个时期的宝宝，肠胃功能更加成熟了，对食物的过敏反应也相对降低，10 个月之前宝宝吃了会过敏的食材，此时可以再让宝宝尝试看看。

宝宝改为 1 日 3 餐之后，正餐之间可以给宝宝喝牛奶或吃一些点心，并慢慢调整宝宝用餐的时间，尽量与大人吃饭的时间一致，让宝宝可以跟爸爸妈妈一起吃饭，不但能增进亲子间的感情，也能让宝宝吃得更开心。此外，若宝宝不喝睡前奶，半夜也不会饿醒时，就可以戒掉睡前奶。

1 岁之后为幼儿期

在宝宝 1 岁之后，要开始训练宝宝自己吃饭的好习惯。有些爸爸妈妈无法接受宝宝自己吃饭时，吃得身上、地板全都是食物，但一直由爸爸妈妈来喂食，会发现宝宝越来越依赖，不再主动自己吃饭，勤劳父母的举动，可能会影响到宝宝身心发展与独立自主地成长。

爸爸妈妈可以铺一块塑胶布在宝宝的餐椅下，一开始先给宝宝一些婴儿饼干、水果片、小块红薯甚至全麦面包练习自己吃，这是一种很好的练习，让他们享有独立完成吃饭这件事情的成就感，更能增进精细动作、咀嚼吞咽能力以及感觉统合能力。

此外，宝宝开始长牙后，就要记得在用餐过后，用纱布巾擦拭其牙齿，也可以使用宝宝专用的乳牙刷。

宝宝吞咽期小常识

Q 一开始应该让宝宝先吃什么辅食比较好呢？

A 一开始先从不易导致过敏的白米所煮成的米汤喂宝宝吃最好，至少喝 1 个星期左右，再添加其他蔬菜或水果。虽然 6 个月以前的宝宝可以喝果汁，但还是应放进稀粥里煮过后，从少量开始适应比较好，如比起橘子汁，橘子稀粥会更理想。刚开始吃辅食，宝宝会很不适应，因为还不会吞咽牛奶以外的食物，会觉得吃辅食是一件特别辛苦的事，所以千万不要在宝宝生病的时候开始喂辅食，要在宝宝开心且身体状况好的时候喂，宝宝对辅食的接受度才会比较高。

Q 宝宝喝果汁之后，当天排出绿色的粪便，是不是吃坏肚子了呢？

A 宝宝刚开始吃没有吃过的东西时，暂时会排出绿色（或黑色）的粪便，这是生理上的现象，如果宝宝没有其他异状，就不用过度担心，等宝宝的肠胃适应了之后，自然会恢复到之前的状况。但如果粪便变软、变稀时，就要观察是否是某一种类的果汁导致的；情况严重时，可以先减少果汁的分量，让宝宝的身体慢慢习惯。

Q 为了方便，可以给宝宝吃市面上现成的辅食吗？

A 市面上现成的辅食，甜味、咸味可能会太重，宝宝会养成吃重口味的习惯。所以就算麻烦也要亲手做给宝宝吃，让宝宝品尝食物的原味。冷藏是一个好办法，烹煮好了先放凉，然后分好一次的分量再放入冰箱，宝宝吃剩不要留着下次喂，最好扔掉；辅食冷藏不要超过 1 个星期，而且一定要用密封的容器装才卫生。

Q 在稀粥里加蔬菜或水果，要煮多久营养才不会流失呢？

A 先将白米熬成稀粥后，再放入蔬菜和水果煮熟就可以了，烹煮的时间越长，蔬果的营养会流失越多，因此只要把食材煮熟就要关火，不要过度加热。刚开始给宝宝吃辅食时，先放 1 种蔬菜或水果，等宝宝渐渐习惯吃辅食后，就可以放 2 种蔬果，慢慢增加食材的种类。此外，蔬菜用热水焯烫之后，矿物质会流失在水中，因此也可以使用焯烫蔬菜后的水来熬煮稀粥。

Q 宝宝喝果汁会吐，是因为讨厌果汁吗？

A 宝宝刚开始喝果汁，有排斥现象是正常的，不要勉强宝宝一定要喝，可以过一两天后再试试看。有时候宝宝会因为心情好，或注意力被其他事物吸引，不知不觉就会把果汁喝完，大多数宝宝是非常喜欢果汁的。刚开始喂宝宝果汁时，要考虑到水果的酸味或甜味，一定要加冷开水稀释，宝宝会比较容易接受。一般来说，6个月之前最好都稀释4~6倍后再给宝宝喝。

Q 宝宝已经4个多月，要开始喂辅食了，一开始吃辅食和母乳（配方奶）的时间该如何安排？分量怎么分配？

A 宝宝4个月之后，一天可以喝600~700毫升的母乳（配方奶），而开始喂宝宝吃辅食之后，一定要先喂辅食，喂完之后再喝母乳（配方奶）。如果宝宝辅食吃得比较多，母乳可以晚一点再喂；如果只吃了几口辅食，就要马上喂母乳，爸爸妈妈要观察宝宝的情况来决定喂食的时间与分量。有时宝宝会在吃饱的情况下继续吃，反而会太撑，导致其把食物吐出来，所以父母要根据宝宝一天的食量，适当地调节喂食分量。宝宝的食量必须经过一段时间的观察、调整与记录，才有办法掌握，且随着月龄的增加，食量随时会有变化，爸爸妈妈要细心地观察，依照宝宝的需求来调整喂食时间及分量。

宝宝压碎期小常识

Q 6个月开始喂辅食是不是太晚了呢?

A 6个月才开始喂辅食有点晚了,可以先让宝宝吃稀粥(添加1种蔬菜或水果),不可以一开始就让宝宝直接进入压碎期的辅食状态,还是要循序渐进,等宝宝习惯吞咽辅食之后,再开始进入下一阶段的食物状态。此外,不建议爸爸妈妈在晚上喂宝宝吃辅食,最好在上午以及喂奶前吃辅食。

Q 宝宝感冒时,医生建议先暂停吃辅食,但停了3天左右,宝宝不爱喝奶,哭着想吃东西的样子,这样可以喂宝宝吃辅食吗?

A 父母就在宝宝的身边照顾,如果观察宝宝的状况觉得恢复很好,就可以喂食。但是因为有暂停一段时间没吃辅食了,加上消化系统会因感冒而变弱,所以食物要煮软一些,分量要减少一点,且要选择容易消化的食材,宝宝吃了之后会增加体力,精神也会变好。

Q 吃什么辅食可以舒缓便秘呢?

A 便秘可能是因为宝宝吃得少造成的。可以给宝宝吃米粥,一天2次,煮粥时最好放进2~3种蔬菜,增加纤维量。此外,市售的宝宝果汁是一种不含果肉且糖分过高的饮料,给宝宝喝这种果汁是不能改善便秘的,多喝肚子反而会胀气,吃不下别的辅食,便秘也就越来越严重。便秘若是持续太久会影响肠子蠕动,身体就不能好好吸收营养,会给宝宝的生长带来不好的影响,因此不容忽视。宝宝大便很痛苦时,可以用棉花棒沾点凡士林,涂在肛门周围,帮助宝宝排便顺畅。

Q 宝宝吃胡萝卜,大便时会完整拉出来,是不是消化不好?

A 爸爸妈妈往往对宝宝的大便很敏感,其实胡萝卜、菠菜等食材跟大便一起拉出来,是很正常的一件事。这时候宝宝的消化能力还不强,而且身体还没有消化纤维的能力,没办法完全消化,所以会原样拉出来。只要宝宝吃得好、没有异常,爸爸妈妈就可以放心。

Q 因为宝宝有过敏性皮肤，所以还没让他开始吃鸡蛋、肉类，只给他吃蔬菜粥。刚开始孩子很喜欢，但最近不知道为何不爱吃了，是不是同样的粥吃腻了？

A 宝宝 7 个月之后，要多多补充蛋白质，即便是有过敏性皮肤，但是宝宝不一定对鸡蛋、肉类过敏，不要一开始就界定这个不能吃、那个不能吃，要看情况找出对哪些食材过敏，才不会导致宝宝摄取的蛋白质太少，影响其成长。如果宝宝吃东西的分量突然减少了，也要注意看看是不是哪里不舒服，身体不舒服吃不下东西是很正常的，不一定是食材吃腻的关系。

Q 宝宝刚开始很爱吃辅食，但不知从什么时候开始，吃辅食时咽不下去，而是含在嘴里一会儿就吐出来，该怎么办呢？

A 宝宝咽不下食物却含在嘴里，可能因为他不习惯咀嚼，需要适应和练习的时间，所以观察一周到半个月吧！如果还是吐出来，一定要告诉他这样不好。宝宝含在嘴里不咽下去，父母可以在旁边做咀嚼的样子，装出很好吃的样子给宝宝看，等他开始咀嚼的时候，用言语鼓励"好棒哦"，这时候喂食速度不要太快，等宝宝仔细咀嚼吞下后再给下一口。

宝宝咀嚼期小常识

Q 宝宝喝母乳和吃辅食的分量和同月龄的孩子差不多，但好像长不胖，是不是因为消化能力比较差呢？

A 这个时期应该要注意宝宝是否有摄取到均衡的营养，每个宝宝成长方式不见得相同，所以和别家同年龄的小孩相比较瘦的话，不需要特别担心。虽然现在的个子比较小，也许在某个时间会突然长高长大的孩子也是有的，只要宝宝顺利、健康成长，没有发生偏食的情况就好。

Q 宝宝几乎每次都能吃完辅食，但每次要吃 1 ~ 2 个小时以上，且无法坐在同一个地方好好吃完饭。怎样才能让宝宝专心吃饭呢？

A 这个时期应该要养成孩子良好的吃饭习惯，最好在 30 ~ 60 分钟内吃完，超过时间就把食物收起来，早上没吃饱，中午自然就会多吃一点。如果宝宝没有把辅食吃完，两餐中间不要让宝宝吃零食，避免营养摄取不足。这时期宝宝会想要自己拿汤匙吃饭，虽然可能会把餐桌弄脏，但还是要放手让他自己吃，宝宝周岁之后就要正式断奶了，从这个时期开始让宝宝养成定时吃饭的习惯。

Q 宝宝不能吃太咸的东西，那可以给宝宝喝大人喝的汤吗？比如萝卜汤、味噌汤之类，加点水稀释可以吗？

A 现在还不能直接给宝宝吃大人的东西，不能因为宝宝喜欢吃就给他吃。宝宝在这个时期肾脏还未发育成熟，还不能代谢含钠量过高的东西，尤其辣的跟咸的。给宝宝喝大人的汤，对宝宝来说太咸了，一定要加水稀释；或是在煮汤时，把要给宝宝喝的汤先盛出来，剩下的汤才加盐调味。

Q 宝宝 8 个多月大了，不爱喝奶也不爱吃辅食，该怎么办？

A 首先，先试一下减少宝宝喝的奶量，即使辅食吃得少，过一段时间等宝宝习惯，辅食的量就会增加了。这时期最重要的事，是培养宝宝正确的饮食习惯，不能因为宝宝一餐吃得少，就分好几次喂，这样宝宝不能养成定时吃饭的习惯，而且吃饭时间也不会专心吃东西。这个时期一天只要吃 3 次辅食和 3 ~ 4 次母乳

（配方奶）就可以了，并要渐渐将宝宝吃饭的时间调整为跟大人一样，即"一日三餐"。

Q 宝宝饿得很快，每 3 小时就要喂一次，怎么办？

A 妈妈若是因为宝宝辅食吃的少就多给母乳（配方奶），宝宝以后就会认为"吃少了也有奶喝"，反而更不爱吃辅食，所以就算宝宝辅食吃得少，也不要再给宝宝喝奶了。最重要的是增加辅食的分量，也可以试着用宝宝喜欢吃的食材来烹饪辅食，增加孩子的食欲。这个时期要喂宝宝吃有饱足感的辅食，例如饭或面条，也要增加鱼、肉的分量，拉长肠胃消化食物的时间，宝宝就不会一下子就觉得饿了。

Q 因为是上班族，所以每次的辅食都会多准备一点后冷藏在冰箱，没办法每餐让宝宝吃不同食材，会不会对其成长造成不好的影响？

A 宝宝吃的辅食，大部分是以五谷类为主，在里面加点鱼、肉和蔬菜，并没有太复杂的烹调手法及过多的调味，最好让宝宝接触多元化的食材，吸收不同的营养素，并锻炼咀嚼能力。爸爸妈妈没时间的话，可以先把材料准备好，放在密封容器中，进冰箱冷藏，要烹调时再拿出来煮熟就可以了。如果是已经煮熟的辅食，冷藏可以保存 3 ~ 7 天，但是一旦解凉后就要吃完，否则隔餐的食物容易滋生细菌，可能会让宝宝肠胃不舒服。

宝宝幼儿期小常识

Q 1岁之后是不是可以让宝宝吃外面餐厅的食物呢?

A 在断奶结束期时,如果不是常常让宝宝外食倒是没关系,这样也能让宝宝适应在不同的环境下愉快地进食。但是外面餐厅的食物,就算有儿童餐,味道对宝宝来说也还是太重了,所以尽量准备温开水,稍微稀释后再让宝宝吃比较好。

Q 葡萄糖可以补充营养吗?

A 有些爸爸妈妈会在宝宝的水中加入葡萄糖增加营养,但事实上这么做对宝宝的发育以及成长一点帮助都没有,真正能从中摄取到的营养,远低于宝宝每日喝的母乳或配方奶,这样给予甚至会养成宝宝嗜吃甜食的偏食习惯,也容易发胖;葡萄糖渗透压太高,也可能会造成宝宝腹泻。

Q 带宝宝出去玩的话,该如何准备餐点?

A 带宝宝出游,一定要准备一些随时可以喂宝宝吃的东西,以免路途遥远,宝宝突然饿了,附近又买不到适合宝宝吃的东西,因此出门前一定要准备周全,带宝宝出游大致可分为以下几种情况。

1. 半天的旅游:可利用焖烧罐或是保温杯来保存辅食,另外还要准备一些白吐司、馒头等方便在车上喂食的食物,或是带一些方便食用的水果,例如香蕉、苹果等,让宝宝肚子饿的时候随时可以自己拿着吃。如果是一整天的外出活动,可将餐点先装在保鲜盒,放入保冷袋,里头摆放1~2包的保冷剂,要食用的时候,加热即可。
2. 在外过夜的轻旅行:可预备冰桶,将餐点放进保鲜盒里,再放入冰桶,到饭店后就可将所有餐点放入冰箱冷藏,要吃的时候请饭店人员加热。
3. 国外旅游:搭飞机时,可将所有餐点分装在保存袋或是一般夹链袋里头,压出空气之后密封好,再用报纸包起来,放进保冷袋里面,里头摆放2包以上的保冷剂,一上飞机就请空服员将餐点冷藏起来,下飞机后就赶快去饭店,把所有东西冰起来。

4. 旅游时住宿的地方有厨房可以使用的话，爸爸妈妈也能在当地购买新鲜食材与水果来制作辅食，不但可以让宝宝吃到新鲜现做的辅食，还能让宝宝尝试不同地方的食材美味。

Q 宝宝的食欲很好，三餐食量正常，但是在正餐中间还是会吵着要吃东西，这样可以给宝宝吃点心吗？吃什么东西比较好呢？

A 宝宝如果三餐食量正常，食欲还是很好的话，给他吃一些点心没关系。但是要注意，如果在饭前给他吃甜食的话，可能会影响正餐的食量，所以尽量让宝宝吃新鲜水果，或是专门给宝宝吃的饼干（甜味、咸味会比大人吃的低）。

Q 宝宝会咀嚼饼干、草莓等点心和水果，但吃正餐总是不咀嚼就直接吞下去，这样的话是不是该把食物弄得软烂一点？还有宝宝特别喜欢吃海苔，不爱吃饭时烤一些海苔给他吃，这样可以吗？

A 宝宝能嚼饼干或草莓，就充分说明他有咀嚼能力。建议多给宝宝吃软饭，让他多练习，宝宝在吃饭时，妈妈在旁边做出咀嚼的样子，宝宝如果咀嚼了就鼓励他，这样多练习几次。另外，最好从小开始让他吃多种类的食材，不能因为宝宝喜欢吃某样菜，就常煮给他吃，这样会养成宝宝挑食的习惯。而且一样东西不能喂太多，像海苔每次要少量给予，且避免给宝宝吃调味海苔，直到没有海苔宝宝也能好好吃饭。

part **2**

宝宝不可或缺的
五大营养素

每天的菜单应包括五种营养素组合的食物，缺一不可！不同的食物有不同的营养成分，摄取过多或过少都不行，必须多样化摄取食物营养，从宝宝接触辅食开始，就要带着他们认识所有食物。

热量的来源，来自于"糖类"的摄取

糖类的基本概念

糖类是每日提供身体活动所需能量的重要来源，也是身体细胞组成的重要成分之一。糖类又称为碳水化合物，依其水解产物，大致可分为四类：单糖类、双糖类、寡糖类以及多糖类。

单糖类是碳水化合物的最小构成单位，生活中常听到的有葡萄糖、半乳糖、甘露糖、果糖等。双糖类需通过消化酶作用，将它水解为两分子的单糖才能被吸收，双糖溶于水具有甜味，在自然界中常见的双糖有蔗糖、麦芽糖、海藻糖以及乳糖。

寡糖又称低聚糖，由 2 ~ 10 个单糖分子组合而成。多糖类是由 10 个以上的单糖结合而成，经消化分解形成单糖才能被人体所吸收，主要存在于植物性的食品中，例如淀粉、糊精、壳多糖以及膳食纤维等，而动物与人体内含量较少，例如肝糖等。

糖类的主要作用

糖类提供身体所需的能量，占全日总热量的 55% ~ 65%，每 1 克的糖在体内可产生 16.8 千焦的热量，为最经济的热量来源。

其中乳糖为婴儿主要的能量来源，因甜度较低不易造成偏食，易被有益菌利用，同时会产生乳酸，可增加钙的溶解度而有助于钙的吸收，使骨钙沉积更迅速，减少维生素 D 的需求量，并且能防止婴儿便秘。有极少数婴儿会缺乏乳糖，称为乳糖不耐症，是因为肠内缺少乳糖，无法消化乳糖而造成腹泻、胀气等反应，建议选用水解配方食品。

在调节生理机能方面，寡糖、乳糖和膳食纤维则可提供肠内有益细菌生长的能源，以延续有益菌的生命并合成 B 族维生素，常见食物如大蒜、洋葱、牛蒡、芦笋、黄豆以及麦类等食物里都含有丰富的寡糖。

膳食纤维的重要性

膳食纤维是指存在食物中，不能被人类肠胃道中的消化酶所消化，且不被人体吸收和利用的多糖，统称为膳食纤维。膳食纤维根据对水的溶解度可分为水溶性膳食纤维和非水溶性膳食纤维。膳食纤维能增加肠道和胃内的食物体积，以增加饱足感，又能促进肠胃蠕动，可舒解便秘，也能吸附肠道中的有害物质以便其排出。

part
2

白米

白米富含糖类、维生素 B_1、矿物质、蛋白质等。米汤有益气、养阴、润燥的功能，有益于婴儿的发育和健康，还能刺激胃液的分泌，有助于消化，并对脂肪的吸收有促进作用，也能促使奶粉中的酪蛋白形成疏松而又柔软的小凝块，使之容易消化吸收，因此用米汤冲奶粉或给婴儿作辅食都是比较理想的。

挑选方法 非真空包装的稻米保存期限约为 3 个月，而真空包装的米则为 6 个月，买米前请先注意看保存期限，在购买米的时候不买量太多的米，并且在购买后 15 ～ 30 天之内食用完毕，这样不但可以保持米的营养，还能吃到拥有高品质的米。

准备工作 在洗米的时候，必须注入盖过白米的水量，用双手搓洗白米，等水变白之后，倒掉水，重复以上动作淘洗 3 次。也可以选购免洗米，就不需要清洗了，可以直接加水烹煮。

保存方法 在打开米袋之后，最好能将米放入保鲜盒当中，并且存放在冰箱中冷藏起来。因为冰箱的温度与湿度较低，米比较不容易腐坏或产生米虫。米也容易发霉，而产生黄曲毒素，要特别小心存放。

土豆

土豆营养丰富，包含蛋白质、维生素 B_1、维生素 C、钙、铁、锌、镁以及钾，在欧洲被称为"大地的苹果"。土豆发芽或皮色变绿、紫，所含龙葵素会暴增，食用后可能引发中毒现象。土豆中的维生素 C 可保持血管弹性，钾则可以跟体内多余的钠结合，可以降低血压。

挑选方法 挑选土豆时，以外表肥大而均匀的为上选，尤其是圆形土豆的为佳，不仅营养较好，而且容易削皮。表皮以深黄色的为佳，皮面干燥、光滑不厚、芽眼较深，并且没有机械损伤、病虫害、凉伤、发芽以及枯干现象，才是较好的土豆。

准备工作 清洗土豆时，必须将其放置在流动小水流下，将表面的灰尘与脏污清洗干净，尤其是表面上的小凹陷处，要仔细清洁干净，才不会将污垢残留在其中。土豆洗干净后，用刨刀削去外皮，再取果肉来使用。

保存方法 土豆购买后，若是没有立即使用，不要先行清洗，直接掸去灰尘，将苹果与土豆一起放置在阴凉处，苹果产生的乙烯气体会抑制土豆芽眼处的细胞生长，不需要密封，可保存 5 ～ 7 天时间。

牛蒡

芋头

牛蒡营养价值极高，包含多酚类物质、钙、镁、锌、纤维素及多种氨基酸，多酚类植化素不仅可以提升肝脏的代谢能力与解毒功能，还可以促进血糖及血脂的代谢。另外，牛蒡所含钙、镁以及锌都具有抗氧化的特性，不仅可以帮助稳定情绪，还能降低心血管疾病的风险。

芋头营养价值丰富，但含有草酸钙，接触到皮肤容易出现发痒的现象，如果生食很容易造成伤害，皮肤、嘴唇已及舌头都可能肿胀发痒，烹饪时应完全煮熟。芋头含有蛋白质、糖类、膳食纤维、钾、镁、铁、钙、磷、维生素 B_1、维生素 B_2 以及维生素 C 等营养素。

挑选方法

牛蒡身形细长，市面上多是出售牛蒡的根茎部分，其组织中拥有丰富的纤维质，这些纤维质非常容易木质化，若是过度成熟，容易老硬、难吃。挑选牛蒡，以形状笔直无分岔、整体粗细均匀一致者较佳，表皮最好呈淡褐色、不长须根，质地细嫩而不粗糙的最好。

挑选方法

在挑选芋头时，第一步要先观察外表，注意皮毛下方的果肉是否发霉腐烂、硬化或干枯，不要选择有斑点的。新鲜的芋头带有泥土的湿润气息，通常较硬，软化的通常过老。果形差不多的芋头以质轻为佳，重量较重的，含水量较多，口感不若前者好。

准备工作

清洗牛蒡时，为避免变色，将牛蒡放置在流动小水流下，再去皮分切、用刀背刮去外皮。牛蒡含有大量的铁，在空气中会氧化成黑褐色，处理好的牛蒡如果没有马上使用，要浸泡在水里，以防变质。

准备工作

直接用手触摸芋头，可能造成皮肤发痒，最好戴上一次性手套。将外皮用流动小水流先清洗干净，再彻底削去外皮，只要留下白色果肉即可。虽然外皮要削除，但是为防止果肉在切除的时候遭受污染，外皮还是必须彻底清洗后再削除较好。

保存方法

牛蒡容易流失水分，所含纤维质很容易木质化，因此购买后要尽早食用。若是一餐烹饪不完，可将要食用的分量切下清洗，应选择较细的一端先食用，剩余的部分不要碰水，直接用湿报纸包裹牛蒡，放在冰箱中冷藏即可。

保存方法

新鲜芋头的保存期限很短，非常容易腐败，如果进行保存，应该放入密封袋，开口束紧，避免水分散失，再放置冷冻室中冰存。想要使用时，可以直接下锅熬煮、蒸熟，无需再特别解凉。

胡萝卜

胡萝卜富含 β-胡萝卜素，可在体内转化为维生素 A，若是经常食用，可发挥保护皮肤和细胞黏膜、提高身体抵抗力的作用。胡萝卜在日本被称作"东方小人参"，含有蛋白质、脂肪、糖类、维生素 B_1、维生素 B_2、维生素 B_6、维生素 C、钙、磷、铁、钾和钠等营养素。

挑选方法

胡萝卜以内芯剖面细、深橘色、须根少为佳，若是买到已切除叶子的胡萝卜，需挑选剖面细的内芯，口感较好；胡萝卜呈现橘色是受到 β-胡萝卜素的影响，越是深橘色，甜度越高；而须根较少的胡萝卜则表示生长状况较佳，有获得一定的营养。

准备工作

胡萝卜购买回家后，表面常带有土壤，若非立即食用，不要用水清洗，先干刷掉土壤，食用前再用刷子在流动小水流下刷洗干净，并去除蒂头与外皮便可直接烹煮。

保存方法

买到带叶的胡萝卜，要把叶子立即切下，防止养分从根部被叶子吸取走，而新鲜的胡萝卜叶可使用在其他很多烹饪上。胡萝卜切开后，切口容易蒸发水分，若是直接放在冰箱中，往往由于缺水而变干、弯曲，因此必须用保鲜膜包好后存放在冰箱冷藏，最多不可超过 3 天。

玉米

玉米含有丰富的膳食纤维、类胡萝卜素、叶黄素、蛋白质、糖类、镁、铁、磷等营养素。其中膳食纤维可改善便秘症状，类胡萝卜素及叶黄素则能预防白内障。

挑选方法

挑选玉米可由外观着手，外叶以颜色翠绿者为佳，代表玉米较新鲜；外叶枯黄则表示玉米过熟，颗粒无水分，鲜度尽失。选购时还需避开有水伤及凹米状况的玉米，若嗅起来有酸味，便代表玉米受到水伤，很可能已经遍布霉菌了。

准备工作

清洗玉米可掌握 3 大步骤，第一，用刷子干刷去玉米叶上的灰尘；第二，剥除玉米叶，并记得在接触玉米粒之前，把摸过玉米叶的双手清洗干净；第三，利用流动小水流及软毛刷，仔细刷洗玉米间隙。

保存方法

玉米选购回家后，最好当天食用完毕，否则容易丧失水分及鲜度。若需存放，建议剥去玉米叶及玉米须，不用经过清洗，直接放在塑胶袋中再进冰箱冷藏，这样可减缓水分流失的速度，但保存时间仍以一周为限。若是放在室温下存放，不宜超过 2 天，并应避开堆积及日晒，以免加速玉米的损伤。

细胞的修复，来自于"蛋白质"的摄取

蛋白质的基本概念

蛋白质是构成人体细胞主要成分与组成各器官的重要原料。举凡身体中的皮肤、肌肉、神经、血液，都是由蛋白质所构成的，不同的蛋白质由不同的氨基酸排列组成，不同的蛋白质具有不同的功能。

蛋白质是巨大的复合分子，由多种氨基酸、肽键与其他元素所形成，主要组成的元素有碳、氢、氧、氮，大多数的蛋白质还含有硫，少数含有磷、铁、铜和碘等元素。

存在自然界中的氨基酸有50种以上，但是能被人体消化吸收以及利用的氨基酸只有22种。其中有8种是成人体内不能自行合成的，或合成速度不能满足人体的需要，必须通过摄取食物补充才能获得的氨基酸，称为必需氨基酸（EAA）。

这8种必需氨基酸即亮氨酸、异亮氨酸、缬氨酸、甲硫氨酸、苯丙氨酸、色氨酸、苏氨酸和赖氨酸。第9种氨基酸为组氨酸，为婴儿与儿童生长发育期间的必需氨基酸；而精氨酸、胱氨酸、酪氨酸和牛磺酸，则为早产儿所必需摄取的。

蛋白质的主要作用

蛋白质可构成脑部神经传导物质，与脑部功能有密切的关系，能帮助脑部发展，协助体内运送养分、机体的生长与组织的修复，避免贫血产生，并提高免疫系统的完整性以强化对病菌的防御能力，构成身体各部位组织和保护功能。

蛋白质的植物性食物来源有豆类，如黄豆、黑豆和毛豆等及其制品，而动物性食物来源则有奶类及其制品和鱼、肉、蛋类等。体内细胞进行蛋白质合成反应时，需要的各种氨基酸含量必须足够，如果有任何一种必需氨基酸不足或缺乏，合成反应就会中止，所以建议食物种类应多元化。

大多数的植物性蛋白质相较于动物性蛋白质其品质较差，而且利用率较低，改善的方法有两种，一是将两种或两种以上的植物性蛋白质混合食用；二是植物性蛋白质与动物性蛋白质同时摄取，这样就可以相互弥补，提高蛋白质的品质及其利用率。例如，五谷类与豆类搭配食用、豆腐与蛋同时食用等。另外，素食者更需要善用互补的原则，并在可能的条件下，利用蛋、奶强化蛋白质的品质。

蛋白质的摄取

生物价值高的蛋白质食物，表示含有必需氨基酸的种类和含量能够满足生长发育所需，通常以动物性食物来源居多，只有少数为植物性食物，如黄豆等。下列食物依生物价值由高至低排列：人乳、鸡蛋、牛奶、猪肝、牛肉、鱼肉、黄豆、面粉、米、蔬菜、水果、玉米。

此外，为了确保蛋白质功能得以发挥，以作为建造修补之用，摄取足够的热量是必要的，各年龄层和不同生理状况对蛋白质的建议摄取量皆不同，以 0～3 月足月婴儿为例，每 1 千克体重供应 23 克蛋白质为最高；除此之外，呼吁 1 岁以下的婴儿，以动物性蛋白质占总蛋白质中的比例 2/3 以上为宜。

蛋白质的过与不及

现在由于生活水平提升，蛋白质的供应一般不匮乏，但过与不及的问题仍然存在，除了饮食所产生的问题之外，还有先天代谢异常。

蛋白质摄取不足会造成营养不良，明显影响生长发育的速度，不仅仅造成生长落后，还会因影响脑细胞发育，造成智力与学习记忆力不佳，对疾病的抵抗能力下降。

蛋白质摄取过多则会造成肾脏负担，也会增加钙排出体外，对骨骼发育不利，因此要特别注意蛋白质的摄取量。

在代谢异常方面，新生儿筛检患有苯丙酮尿症（PKU）者，因无法正常代谢苯丙酮酸而生成大量中间产物，在血液中其浓度增加，对脑部智力具有伤害力，在购买食物的时候，可以从食物标示的警语中得知。

鸡肉

鸡肉富含优质蛋白质、脂肪含量少，能增强体力、强壮身体，是体质虚弱、病后、产后以及老年人适合摄取蛋白质的来源。其中鸡胸肉的 B 族维生素含量最高，能恢复疲劳、保护皮肤；鸡腿肉则富含铁质，可改善缺铁性贫血；鸡翅膀肉中则含有丰富的胶原蛋白，能强化血管。

挑选方法

选购鸡肉时，以肉质结实弹性、粉嫩光泽、毛孔突出、鸡冠淡红色、鸡软骨白净者为宜。如果要选购制作辅食时常使用的绞肉，不建议直接购买已经制作好的绞肉，最好是直接到肉摊选好肉块，请老板现场制作，并可确认有没有掺杂其他来路不明的肉。

准备工作

前一天晚上先将存放在冷冻室的肉类拿到冷藏室来解凉，缓慢地让肉退冰，血水也不会快速地渗漏出来，影响到肉的新鲜程度与口感品质。

保存方法

传统市场购买回来的鲜肉才适合放入冷冻室，如果是在超市买的并且在一个星期之内就要食用完毕的电宰肉类，则应该保存在冷藏室当中。

鲷鱼

鲷鱼是低脂肪、高蛋白的健康食材，含有丰富的 DHA、EPA、烟碱酸，这些都是合成激素时不可或缺的营养素，有助于维持神经系统和大脑的功能正常，并有促进血液循环、消除疲劳、降低血压的功效。鲷鱼的氨基酸均衡，消化吸收率高，因此很适合宝宝肠胃弱的时候食用。

挑选方法

最常见的是超市中已经分切好的鲷鱼片，在选购时，除了要了解来源、识别认证外，也可以观察鱼片色泽。鱼片均匀呈现淡粉色的，是新鲜的鱼片；但如果色泽有的是淡粉色，有的是淡咖啡色，则可能品质不佳。也可购买整条鲜鱼，但使用起来不方便。

准备工作

鲷鱼在烹调前要先用清水洗净，并放入滚水中汆烫，会比较好去除鱼刺跟鱼皮。宝宝的辅食，一般只使用鱼肉的部分，因此去掉皮和刺之后再使用。

保存方法

鱼肉只要分装在保鲜袋或保鲜盒中，就可以放进冰箱冷藏或冷冻，但不宜放太久，不新鲜的鱼肉会影响宝宝的健康。

豆腐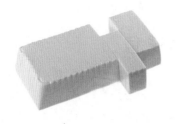

豆腐含蛋白质、大豆卵磷脂，对宝宝神经、血管以及大脑的生长发育非常加分，也能防止口腔溃疡，并能补充宝宝在身体虚弱或是食欲不佳时的精力。其中的钙，也能让宝宝骨骼与牙齿的发育更健康、更营养。

挑选方法

优质豆腐呈现均匀的乳白色或淡黄色，稍有光泽；较差的豆腐色泽发深，有的甚至呈现浅红色，无光泽；劣质豆腐则呈深灰色、深黄色。此外，在常温下直接嗅闻豆腐的气味，正常的豆腐具有豆腐特有的香味；次等豆腐香气平淡；劣质豆腐有豆腥味、馊味等不良气味或其他异味。

准备工作

豆腐在烹调之前，要用清水洗净，洗的时候动作要轻柔，小心不要用力过猛，把豆腐捏碎了。

保存方法

吃不完的豆腐可以放入凉盐水中浸泡，通常500克的豆腐需要加入50克的盐在水中，这样可使豆腐保持一星期不变质。使用盐水浸泡过的豆腐做菜时，可不放或少放盐。

红枣

红枣富含蛋白质、脂肪及钙、磷、铁等多种矿物质，对人体十分有益。新鲜的枣子在接近成熟时蕴含丰富维生素C，几乎是苹果的100倍，并含有大量的糖类物质，如葡萄糖、果糖与蔗糖等。红枣可以提高免疫功能，并增强抗病能力，经研究显示，它还有安神及抗过敏等效果。

挑选方法

挑选红枣要选择皮色紫红、果形圆整，且颗粒大而均匀、皮薄核小、肉质厚而细实的最好。若是红枣蒂端出现深色粉末或孔洞，则代表它被虫蛀了，不是首选。在口感上，甜味佳的红枣用手紧捏一把，会感到滑糯又不松泡，说明其质细紧实、枣身干且核小，是值得挑选的红枣。

准备工作

红枣同样可能发生农药残留的问题，选择时除挑选颜色较为自然的之外，食用前，还应用流动小水流冲洗5～10分钟。避免用浸泡的方式，以免残存的农药再次进到果肉组织里。

保存方法

红枣的营养成分与含水量高，建议放置冰箱保存，以免滋生细菌而腐坏，如若发现发霉、变色的现象，则代表不宜再食用了。

保护身体器官，来自于"脂肪"的摄取

脂肪的基本概念

脂肪水解所形成的脂肪酸，依结构不同可以分为饱和脂肪酸以及不饱和脂肪酸。其中不饱和脂肪酸，又可分为单元不饱和脂肪酸与多元不饱和脂肪酸。

脂肪酸又依体内合成情况的不同而分为不必需脂肪酸和必需脂肪酸，前者为人体可自行合成，后者为人体无法自行合成，需从食物中摄取才能获得，又有维生素F之称，由此可见其重要性。

必需脂肪酸依其化学结构又分为ω-3脂肪酸与ω-6脂肪酸，前者包括次亚麻油酸、EPA和DHA，后者则包括亚麻油酸和花生四烯酸。

脂肪的主要作用

脂肪在人体中有哪些功能呢？人体以脂肪的形式储存能量，所以它能供给热量。脂肪为高密度的能量物质，每1克脂肪产生37.8千焦热量，是体内热量理想的储存方式。

脂肪可以保护器官与神经组织，避免外界的震动与撞击而受伤害，更可防止体温外散。脂肪也是脂溶性维生素的携带者，更可增加食物的美味与饱食感。如果食物中缺乏必需脂肪酸，则会有生长迟顿、皮肤病变、肝脏退化的现象，婴儿皮肤则会产生湿疹，对于血压、平滑肌收缩、发炎反应、激素作用、传递神经、胃酸分泌等调节的机制将会失去平衡。必需脂肪酸还可合成激素的前趋物，加速细胞对脂肪酸的吸收。

脂肪的摄取

脂肪是从幼儿到老年都需要的，一种保护身体各个器官的重要物质。饱和脂肪酸虽然需要摄取，但不建议使用以下种类的烹调用油，如动物性油脂、椰子油以及棕榈油等。现代人对动物性食物的摄取比例高，所以饱和脂肪酸的摄取量相对增加，食用过多容易罹患心血管疾病，因此建议满2岁的宝宝使用低脂乳品，以降低日后罹患心血管疾病的风险。

烹调用油应选用植物性油脂，其中所含的单元不饱和脂肪酸不仅可以降低血液中不好的胆固醇（LDL），还可增加好的胆固醇（HDL），如芝麻油、橄榄油、菜籽油、花生油、坚果类等。事实上，此类脂肪酸人体可以自行合成，但因现代人食用过多的动物性食物，所以体内的制造量无法和食入的饱和脂肪酸成一定的比例，为了改变此情况以防罹患心血管疾病才会有这样的建议。

另外，植物油所含的多元不饱和脂肪酸中有人体必需的脂肪酸，可以降低血液中的 LDL 和预防心血管疾病，如玉米油、棉籽油、红花油、葵花籽油、亚麻籽油、大豆油等，但请勿使用植物油进行油炸烹调，以免食入致癌物质。

反式脂肪酸的坏处

研究发现，反式脂肪酸摄取量高者，可预测将来发生冠心疾病与糖尿病的危险性也会增高，而且与心律不齐和心脏病猝死也有相关。

反式脂肪酸经常出现在氢化植物油，以及动物油脂、烘焙制品如西点、中式点心、饼干、面包等中。建议选择较软的植物性奶油，因为不使用氢化途径，所以不含反式脂肪酸。

DHA 的好处

DHA 在肉类和蔬菜含量几乎近于零，需要通过食用海产类而得到，而它的好处众所周知，为大脑神经细胞和细胞表层膜层的重要成分，能够提高脑细胞活性、增强记忆反应与学习能力，减轻过敏、发炎症状以及溃疡性结肠炎的发炎，以及帮助视网膜的发育和改善视力。所以经常吃鱼，能活化脑细胞，促进协调神经回路传导作用，维持脑部细胞的正常运作。

DHA 含量高的鱼类有金枪鱼、鲣鱼、三文鱼、鲭鱼、沙丁鱼、竹荚鱼、旗鱼、黄花鱼、秋刀鱼、鳝鱼、带鱼、花鲫鱼等，每 100 克鱼中的 DHA 含量可达 1000 毫克以上。就某一种鱼而言，DHA 含量高的部分又首推鱼的眼窝脂肪，其次则是鱼油。而不同烹饪方式保留鱼肉中 DHA 含量由高到低，分别是蒸、炖、烤、炸。

鳕鱼

鳕鱼是高蛋白、低脂肪、容易被人体吸收的食物，含有 DHA、EPA，具有扩张血管、防止血液凝结等作用，对宝宝大脑细胞、脑神经传导和生长发育，都有显著效果。

挑选方法
挑鳕鱼要看外缘的皮色，皮越白越甜；黑皮的鳕鱼比较有腥味。如果是当天切片的鱼肉，应该颜色呈淡淡红色，如果颜色较暗或灰灰的，表示已经摆了好几天。此外，空运的鱼比海运的鱼品质好，因为飞机的冷藏条件比船好。手工切以及机器切的鱼片，口感也有不同，机器切片的鱼肉上会有一粒粒的小水泡，煮起来出水较多，比较不好吃。

准备工作
当天要煮的鱼，放冷藏室退冰，煮之前再稍微清洗一下就好，不用先洗或泡在水里，因为自来水含有消毒剂，会影响鱼肉的味道。煎鱼之前，可先将少许盐抹在两面鱼身上，更能带出鱼肉的甜味。

保存方法
如果不是当天吃，买回家的鳕鱼不用洗，直接连同塑胶袋用报纸包两三层，再放入冷冻室，可放2～3个礼拜，但一个礼拜内吃掉，味道最好。

西蓝花

西蓝花含有蛋白质、脂肪、磷、铁、β-胡萝卜素、维生素 B_1、维生素 B_2 和维生素 C，且含水量高达 90% 以上，热量低、营养高，能促进肝脏解毒、增强体质以及抗病能力；还能促进宝宝生长发育、维持牙齿以及骨骼正常发展、保护视力并能提高记忆力。

挑选方法
好的西蓝花花球表面紧密，手感有弹性，不会太软，摸起来硬度适中，若是花球松散，则代表西蓝花已经过于成熟。从外观来看，好的西蓝花花梗呈现淡青色、鲜脆细瘦且脆嫩，整体外形看起来新鲜且干净。

准备工作
清洗西蓝花时，不要将西蓝花切开，以免农药会从切面进入，造成残留状况。可先用流动小水流不停冲洗去残留农药及虫卵，再切成小朵，用刨刀去除老皮，仅留下口感新嫩的部分，即可开始烹饪。

保存方法
西蓝花在常温下放置时间过长就会不新鲜，最好在购买后尽快使用。如果不马上使用，就要在购买后立即放入保鲜袋，封上袋口，放入冰箱冷藏室保存。如果将西蓝花煮熟后再冷冻保存，冷冻时间不宜过长，最好在5～7天内食用完毕。

木瓜

木瓜蕴含维生素 A、B 族维生素、维生素 C、维生素 E、维生素 K、β－胡萝卜素、磷、钙、铁及钾等营养素，其中木瓜酶则有助于蛋白质的吸收。木瓜属性微寒，体质及脾胃较虚弱的人切勿食用过多，以免产生腹泻现象。

挑选方法

挑选木瓜时，尽量选择手感较轻的，果肉才会甘甜；反之，木瓜可能尚未成熟，口感容易带些苦味。而果皮颜色较亮为佳，橙色均、少色斑，轻按表皮手感紧致不松垮方为上选。

准备工作

成熟的木瓜需小心清洗，力道过大很容易造成表皮损伤。用蔬菜刷或全新牙刷，在流动的小水流下轻轻刷洗木瓜表皮。尽管不会食用表皮，但切食时，刀子还是会划过，因此必须彻底清洗表皮。木瓜切开后，需去籽再食用，要特别注意砧板的卫生，生、熟食应使用不同砧板，才不会污染食物。

保存方法

若是购买到尚未成熟的木瓜，可先用报纸包覆后放在阴凉处待熟，避免没有包覆便直接置放通风处，以免水分流失，表皮变得皱巴巴，影响口感。购买果色橙黄的成熟木瓜，切食后需尽早食用，不可在冰箱存放超过 2 天。

莲子

莲子拥有极高营养价值，包含蛋白质、脂肪、维生素 B_1、维生素 B_2、维生素 B_6、碘、钙、铁、镁、钠和钾等丰富营养素。莲子味道清香，口感绵密，对凝血以及维持微血管渗透压、肌肉伸展性、心跳规律都有帮助，具备安神养心的功效。

挑选方法

选购莲子要挑选颗粒完整、均匀饱满、没有碎裂、杂质，并带有清香为佳，颜色最好呈现象牙黄的，若是色泽过于白皙，很可能是经过后天的化学加工处理。购买莲子时，要注意莲子是否受潮、腐坏，若是拿近细瞧，颜色斑驳，细闻还有股霉味，便代表莲子已腐败。

准备工作

如果购买新鲜的莲子回来烹饪，应先去除莲芯，以免味道苦涩，虽然莲芯清热解毒还止咳，但由于口感不佳，多半还是舍弃不用。莲子去除莲芯后，将其放置在流动小水流下清洗，将表面的尘土及污垢轻轻洗去，并去除外皮即可。

保存方法

莲子最好用密闭式容器或密封袋储存，放置在冰箱中冷藏，或是摆放在干燥阴凉且通风良好的地方。购买后，应尽快食用完毕，以免造成营养素流失，失去食用莲子的意义。

维持新陈代谢，来自于"维生素"的摄取

维生素的基本概念

维生素分为水溶性维生素，包括维生素C及B族维生素；脂溶性维生素，包括维生素A、维生素D、维生素E、维生素K。

前者易溶于水，吸收后体内贮存较少，因此体内缺乏时，身体很快会出现症状，过量则会随尿液排出；后者不易溶于水，常随脂肪被人体吸收并储存在体内，不易有缺乏症出现，若出现症状则表示缺乏情况严重。

维生素A

维生素A可以维持呼吸道（肺、气管）、消化道（食道、胃、肠等）、皮肤、眼睛、生殖泌尿系统（阴道、尿道、膀胱等）等上皮细胞具有分泌黏液的功能，因此有助于增加疾病的抵抗力；还能维持眼角膜的健康，形成视网膜上的视紫红质，使眼睛发挥视觉功能；并促进伤口愈合，以及肌肉、骨骼和牙齿的正常生长。

维生素D

维生素D可以帮助钙、磷的吸收和利用，促进牙齿与骨骼的正常发育，并可调节血液中钙的浓度。晒太阳时，体内可自行合成部分的维生素D。

维生素E

维生素E可以使脑部时时刻刻保持灵活与清醒，促进敏捷的思考能力。清除自由基，防止细胞膜上的不饱和脂肪氧化，避免组织受伤而影响生理功能。维生素E还能防止维生素A和维生素C被氧化。

维生素C

维生素C能保持骨骼健康，还能帮助铁的吸收。维生素C能以胆固醇为原料，形成胆酸；促进胶原的形成，是肌肉、骨骼、皮肤、血管和细胞间质构成的成分，可维持体内结缔组织、骨骼和牙齿的生长。

维生素C能保护维生素A、维生素E以及多元不饱和脂肪酸，使其不致产生氧化作用。肾上腺素的合成、血清素的形成也需要它，为神经递质以及帮助血管收缩的重要物质。另外，还能稳固脑神经细胞、活化脑部神经以及增进智力的发展。

维生素K

维生素K有帮助血液凝固，强化骨骼等主要功能。新生儿如有使用抗生素时，因肠道微生物缺乏而无法得到维生素K，则应适时补充。

维生素 B_1

维生素 B_1 可协助脑细胞利用糖类产生能量；避免脑部和身体囤积乳酸等物质；促进胃肠蠕动和消化液的分泌，稳定食欲；刺激生长以及保持肌肉组织健全。

维生素 B_2

维生素 B_2 为水溶性维生素；易随着尿液、汗液和食物摄取等量的增加而增加需求量；体内不易存留，必须每日规律摄取。

维生素 B_6

维生素 B_6 是重要激素合成的物质之一，可参与脑细胞对氨基酸的脱羧基作用，以稳定神经状态，来提高宝宝的学习；可将亚麻油酸转化成花生油酸，避免皮肤龟裂；促进肝糖分解和能量代谢；参与烟碱酸合成。

维生素 B_{12}

维生素 B_{12} 为宝宝神经系统髓鞘发育的必需维生素；促进核酸生成，参与红细胞分裂增殖；参与糖类、蛋白质、脂肪代谢。

烟碱酸

烟碱酸可维持宝宝皮肤的健康，参与脂肪酸、类固醇的合成与细胞呼吸作用；稳定神经；捕捉自由基，保护红细胞避免受氧化破坏，预防溶血性贫血，增加血液循环。

叶酸

叶酸对婴幼儿的神经细胞与脑细胞发育有不错的促进作用；当宝宝生长过程中细胞快速分裂时，其对叶酸的需要量也随之增加。参与红细胞制造，影响细胞分裂增殖，以维持血红蛋白的正常合成。

茄子

茄子营养价值极高，包含维生素A、B族维生素、维生素C、磷、钙、镁、钾、铁和铜等营养素。茄子含水量极高，有90%都是水分，富含膳食纤维，其紫色外皮更含有多酚类化合物以及花青素。花青素拥有超强的抗氧化能力，能稳定细胞膜构造，来保护动、静脉内皮细胞免遭自由基破坏。

挑选方法

挑选茄子时，外皮以亮紫色为首选，果形必须完整有光泽且没有损伤，白色果肉饱满、有弹性，而且蒂头包荚没有分叉，这样的茄子不仅较新鲜，口感也较嫩。若是选择尾部膨大的茄子，口感通常会较老。

准备工作

茄子清洗时，必须放在流动的小水流下，用软毛刷轻轻刷洗，将表面的尘土、脏污刷除后，再用小水流冲洗干净。茄子的外皮蕴含丰富的花青素及营养，刷洗时需控制力道，以免破坏其营养。

保存方法

茄子表皮覆盖着一层蜡质，不仅使茄子发出光泽，还具备保护茄子的作用，一旦蜡质层被刷掉损害，便容易腐坏变质。若没有要立即食用，不要用水刷洗，放置在阴凉通风处，不要让其遭受碰撞，可保存2~3天。

包菜

包菜含有B族维生素、维生素C、钙、钾、磷和膳食纤维等营养素，更含有丰富的人体必需微量元素。其中钙、铁、磷的含量在各类蔬菜中名列前五，又以钙的含量最为丰富，对人体非常有益。

挑选方法

选购冬季包菜时，要选择拿起来沉甸甸且外包叶湿润有水分的；选购春季包菜时，要挑选菜球圆滚滚且有光泽的。选购切成两半的包菜时，要挑选切面卷叶形状明显的。

准备工作

剥包菜时，先将菜根切去，再一张一张剥下来，不要使用包菜最外面的包叶，菜叶要用流水冲洗干净。切包菜时不要顺着叶脉方向切，要与叶脉成直角切。如果要用于断乳食物，不要选用硬菜心，而要用叶端柔软的部分。

保存方法

外包叶可以保护内叶不受损伤，所以不要摘掉外包叶，将包菜用保鲜膜或报纸包好后放入塑胶袋中，在冰箱冷藏或放入储藏室保存。用包菜做宝宝断乳食物时，要将菜心及周围的坚硬部分挖去，去除外包叶，菜叶剥下来使用，最好将菜叶上的主叶脉也切去，才能做出软嫩的宝宝断乳食物，有利于宝宝食用和消化。

菠菜

菠菜拥有丰富的营养成分，既含有可在体内转化为维生素 A 的 β-胡萝卜素，又富含维生素 B₁、维生素 B₂、维生素 C、蛋白质、铁、钾以及钙等，对人体十分有益。菠菜富含膳食纤维，可以促进肠胃蠕动；所含叶酸更具有改善贫血的效果。

挑选方法
菠菜是冬季岁末的时令蔬菜，在秋冬季节营养价值最高。根部干净呈红色，没有枯叶且叶端展开的才是新鲜的菠菜，其菜叶越鲜嫩，入口的涩味就越淡，宝宝断乳食所使用的菠菜，建议以嫩叶为主。

准备工作
菠菜中含有草酸，这种物质不但会令菠菜发涩，还会阻碍钙的吸收，因此必须先煮熟。为方便导热，可在菠菜根部划上十字，从根部开始淋开水烫熟，用于断乳食物的菠菜要汆烫更久一些，烫过的菠菜再用流水冲洗，去掉涩味，然后挤干水分再用。

保存方法
可用湿报纸包好后冷藏保存蔬菜，保存时要将根部往下竖立，长期存放会使菠菜中的维生素 C 流失，导致菠菜营养价值降低，因此建议购买后尽快食用。煮熟的菠菜可冷冻保存，这样可以减少营养成分的流失，建议购买后立即烫熟并冷冻起来。

猕猴桃

猕猴桃营养价值极高，蕴含膳食纤维、β-胡萝卜素、维生素 C、维生素 E、钙、镁、氨基酸等成分。另外，猕猴桃还含有一种独特的消化蛋白酶，能够帮助人体消化肉类、乳制品、豆类及谷类之中的蛋白质。还比柳橙含有更多维生素 C，是维生素 C 的最佳来源之一。

挑选方法
挑选猕猴桃时，可以简单掌握几个重点，第一，果实饱满，果形越大越好，触感不软不硬为优；第二，表皮绒毛整齐排列，散发自然光泽无斑点，且完整无伤；第三，蒂头呈现鲜嫩颜色，成熟时蒂头会软化，但若果身已变软，则代表过熟。

准备工作
猕猴桃目前多半去皮食用，切块食用前，可先用全新牙刷或软毛刷在流动小水流下轻轻刷洗 5 ～ 10 分钟，再取干净的砧板切块后即可食用。

保存方法
成熟的猕猴桃最好单独存放在冰箱中，因为很可能接触到其他水果散发的乙烯气体，使得猕猴桃过熟。放在冰箱中冷藏保存，以不超过一周为限。尚未成熟的猕猴桃放置在阴凉通风处保存即可；若是果身摸起来硬实，建议与苹果、香蕉放在一起，有催熟作用。

维持身体健康，来自于"矿物质"的摄取

矿物质的基本概念

矿物质是构成人体全身从里至外的重要因素，对于身体健康而言，为决定性的关键元素。矿物质是指将食物或有机体组织燃烧后残留在无机物中的化学元素，除了碳、氢、氮和氧之外，这些化学元素又称为无机盐，也是生物所必需的化学元素。

从食物当中适当摄取一定量的各种矿物质，是维持身体健康必备的课题。人体内有数十种的矿物质，很多器官组织都需要矿物质的参与，如血液、骨骼、牙齿、毛发、指甲、肌肉、神经、脑部等组织功能的正常化。

此外，矿物质也是参与各种新陈代谢的必要物质，如激素、维生素、消化液、体液、辅酶等。

钙

钙是构成骨骼和牙齿的主要成分，调节心跳和肌肉的收缩，可抑制脑细胞异常放电，稳定情绪，促进良好的睡眠，减轻身体疲劳，增强抵抗力，还能帮助血液正常凝固。35岁以前摄取充足的钙，能避免以后得骨质疏松症。当钙缺乏时，可能有肌肉抽筋、精神紧绷，夜间磨牙等症状。

磷

磷是构成骨骼、牙齿、软组织、遗传物质（DNA、RNA）的主要成分，可促进葡萄糖、脂肪和蛋白质的代谢；为体内磷酸盐的重要元素，具有缓冲作用，以维持血液、体液的酸碱平衡。

铁

铁是组成血红素和体内部分酶的主要元素，促进蛋白质的新陈代谢，促进生长，可预防贫血、神经衰弱、疲惫、胃溃疡与食欲不振。在摄取铁的同时，食用富含维生素C的蔬果，能增加人体对铁的吸收率。

锌

锌能促进儿童的生长发育，并提高其智力。细胞内的锌量直接调节酶的活性，可影响味觉功能、食欲、伤口愈合等。锌、铜和锰共同作用，可维持超氧化物歧化酶（SOD）活性，负责清除自由基，稳定细胞膜的结构与功能，避免红细胞破裂而造成贫血。

除此之外，锌还可以增强淋巴细胞、T细胞的数目以及活性，以抵抗病菌。锌在牡蛎及海产类的食物中含量最高，在许多蔬果类食物中也有。

镁

身体中 70％的镁储存于骨骼和牙齿中，可帮助钙与维生素 K 的吸收，与钙、磷共同维持骨骼和牙齿的健康成长。镁为多种酶的主要成分，参与糖类、蛋白质、矿物质以及能量等新陈代谢。镁与钠、钾、钙共同维持心脏、神经、肌肉收缩正常。

碘

碘影响人体的基础代谢、神经肌肉功能；可促进儿童生长发育和提高脑力；促进正常细胞功能，调整细胞的氧化功能；促进毛发、指甲和牙齿健康；燃烧多余脂肪。

硫

硫可促进毛发、指甲正常生长，强化关节完整性，参与人体组织的基础物质的合成，使人体发挥正常的生理功能。

硒

脑部灰皮质含有硒；硒也是体内抗氧化系统的组成成分，可预防和抵制癌变，提高免疫力，与维生素 E 共同强化抗氧化作用。

钠

钠帮助调节体内的水平衡，协助葡萄糖吸收、肌肉收缩、神经传导，以及调节体内酸碱平衡。宝宝肾脏尚未发育完全，应避免摄取过多的钠，以免造成负担。

钾

钾可调节渗透压和酸碱平衡，参与细胞内糖和蛋白质的代谢，维持正常的神经肌肉运动和血压恒定，主要以血红蛋白钾、重碳酸钾、磷酸钾等形式存在于体内。钾与钙的平衡对于心肌收缩也有显著作用。

南瓜

南瓜蕴含维生素 A、B 族维生素、维生素 C 及磷、钙、镁、锌、钾等多种营养素。其颜色越黄，甜度越高，β-胡萝卜素含量也越丰富。所含的类胡萝卜素用油烹煮，不仅不会被破坏，还有助人体吸收。

挑选方法
选购南瓜应挑选外皮无损伤与虫害，并均匀地覆有果粉，且拥有坚硬外皮、果蒂较干燥的为佳。外形完整的南瓜，没有遭遇摔伤及虫咬，果肉不易变质腐坏；表皮均匀覆有果粉的南瓜则较为新鲜；南瓜熟度越高，果肉越清甜；与一般蔬果选购时不同，不以绿色蒂头为优，枯黄干燥的蒂头代表存放时间较久，口感也越好。

准备工作
不要立即食用新采摘、未削皮的南瓜。由于农药在空气中经过一段时间可分解为对人体无害的物质，因此易于保存的南瓜可存放 1～2 个星期来去除残留农药。

保存方法
没有切开的完整南瓜，可在室内阴凉处存放半个月，冰箱冷藏则可以保存 1～2 个月。新鲜南瓜购买回来后，可以找合适地点存放 1～2 个星期，风味更佳。已经切开的南瓜，保存时要将瓤籽挖除，用保鲜膜包好，存放在冷藏室，最多可放置一周。

西红柿

西红柿的营养价值很高，富含果糖、葡萄糖、柠檬酸、苹果酸、茄红素、维生素 B_1、维生素 B_2、维生素 C 和钙、磷、铁等多种营养素，对人体十分有益。茄红素是西红柿呈现红色的主要原因，同时也是重要的抗氧化物，能够消除体内的自由基，预防细胞受损，保护心血管系统。

挑选方法
西红柿依大小不同挑选方法各异，大型西红柿以果形丰圆、果色绿，但果肩青色、果顶已变红者为佳；中小型西红柿以果形丰圆，果色鲜红者为佳，越红则代表茄红素含量越多。利用手指触摸测试西红柿的果实硬度，若有压伤或撞伤会有局部变软、破裂的情况，容易散发酸臭味。好的西红柿果实饱满，果肉结实无空心，色泽均匀无裂痕或病斑，熟度适中且硬度高。

准备工作
用流动小水流仔细清洗。一般人习惯边洗边去蒂头，这是错误的，正确方式应先清洗完毕再去蒂头，以免污水从缝隙处渗入而污染果肉组织，危害人体健康。

保存方法
西红柿购买之后，可直接放入冰箱冷藏。不过，为避免西红柿挤压造成腐烂，放置时请不要将西红柿紧靠在一块。

秋葵

秋葵含有丰富的营养，包含维生素A、维生素C、铁以及钙等，果实内部含有独特的黏液、果胶以及半乳聚糖等植物纤维，还有被称为阿拉伯糖的糖蛋白，对胃部很好，甚至被认为具有补气、整肠的功用。

挑选方法

选购秋葵时，以果长10厘米内为上选，口感较嫩；若果长大于10厘米，通常过老，口感较差。要挑选形状饱满、直挺的秋葵，避免挑选果身出现虫蛀痕迹的秋葵，否则内部容易出现腐烂现象，更不要挑选果身出现黑色刮痕的秋葵，这表示可能在运送过程中受到伤害，造成品质受损。

准备工作

秋葵表面长有很多细小绒毛，容易有灰尘及污垢附着在上头，需先清洗干净再食用。但清洗时不能太过用力刷洗，以免造成擦伤，秋葵一旦擦伤，很容易变黑。无论是挑选或储存秋葵时，都要单个轻轻拿取，才不会造成秋葵的损伤。清洗秋葵时，将它放置在流动小水流下方，冲掉多余的尘土，用手指从头到脚轻柔搓洗，最后再用小水流冲净。

保存方法

秋葵容易腐败，若需储存无需清洗，放在保鲜袋中真空储存，可保存2～3天时间。

葡萄

葡萄营养价值极高，包含丰富的维生素A、维生素B_1、维生素B_2、维生素B_6、维生素C、氨基酸、钙、磷、铁以及葡萄糖等，葡萄籽含有的前花青素，更是葡萄特有的营养物质。前花青素具有高度抗氧化作用，可以与自由基对抗，对人体非常有益。

挑选方法

葡萄要挑选整串饱满、一粒粒长密的果串，闻起来有馥郁果香的更是首选，冬日购买葡萄时，更要挑选新鲜的，不能只看果粒，还必须观察果梗，质地硬挺、颜色鲜绿都是新鲜的象征。市面上有些葡萄看起来果粒挺实，但果梗枯黄，很可能是因为低温保存的缘故，并非真正新鲜。

准备工作

清洗葡萄的好帮手是生粉，因为生粉本身的黏稠感可以将脏污一起去除。取适量的生粉与水调合成水淀粉，再将葡萄剪下，留下一点果梗，放入水淀粉中轻轻搓洗，最后再用流动小水流将葡萄表面冲净，即可食用。

保存方法

若是购买箱装葡萄，最好不要整箱放在冰箱中，以免加速葡萄的损坏，应该先去除裂果、坏果，再用密封袋装存，可放置5～7天。若是纯粹保存没有立即食用，建议不要先清洗，以免缩短保存期限。

part 3
吞咽期营养食谱
76 道

刚接触辅食的 4 ~ 6 个月宝宝只会吞咽，还不会咀嚼，因此在制作辅食时，务必要将食物烹调至稀、软、烂、熟的状态，否则宝宝很有可能因为难以吞咽的食物，而失去对辅食的兴趣。

意式综合根茎泥

菠菜薯泥

山药香葱泥

蜜枣包菜糊

糖类、蛋白质、维生素、矿物质

意式综合根茎泥

材料

南瓜 150 克，胡萝卜 30 克，洋葱 20 克，土豆 30 克，蘑菇 10 克，高汤 100 毫升

做法

1 洋葱、南瓜、胡萝卜、土豆洗净，去皮切块；蘑菇洗净，切碎。

2 将所有材料和高汤一起放入电锅内，外锅加 200 毫升水，蒸至食材熟软。

3 待凉放入搅拌机中均匀打成泥即可。

小叮咛

选购南瓜时，以形状整齐、瓜皮呈金黄而油亮的斑纹、无虫害为主。而根茎类蔬菜的保存方式，可以用报纸包裹，存放在冰箱中冷藏。

糖类、蛋白质、维生素、矿物质

山药香葱泥

材料

山药 30 克，葱 10 克，高汤适量

做法

1 山药洗净、去皮，磨成泥备用。

2 葱洗净，放入滚水中焯烫 1 分钟后，捞起沥干，切碎。

3 将葱花与山药一同放入锅中，加入适量高汤炖煮 5 分钟，煮至熟软即可。

小叮咛

山药含淀粉酶、多酚氧化酶，是健脾益胃、帮助消化的好食材。表面有异常斑点的山药绝对不能买，因为很有可能已经感染病害，会对人体造成危害。

糖类、蛋白质、维生素、矿物质

菠菜薯泥

材料

菠菜 20 克，土豆 100 克，高汤适量

做法

1 将土豆洗净、去皮，放入电锅内，外锅加 200 毫升水，蒸至食材熟软。

2 菠菜洗净，放入滚水中烫熟后，捞出沥干，切碎。

3 将烫熟的菠菜和蒸好的土豆放入搅拌机中，并加入高汤均匀打成泥即可。

小叮咛

土豆被誉为"蔬菜之星"，又名洋芋或马铃薯，含优质淀粉，是宝宝辅食时期最佳食材之一。颜色发青、发芽的土豆不要买，以免导致龙葵素中毒。

糖类、蛋白质、维生素、矿物质

蜜枣包菜糊

材料

白米饭 20 克，红枣 1 个，包菜 10 克

做法

1 包菜仅取菜叶部分，洗净后放入滚水中焯烫 1 分钟，取出沥干，切碎。

2 红枣洗净，对半切、去籽，磨成泥。

3 将红枣与包菜、白米饭一同放入锅内，加 100 毫升水煮滚后，待凉放入搅拌机中均匀打成泥即可。

小叮咛

红枣有"台湾苹果"之称，含丰富维生素 C、果糖以及大量膳食纤维，可帮助消化，同时能降胆固醇、提高人体免疫力以及促进食欲。

双菜米糊

包菜芥菜汁

洋葱西蓝花泥

韭菜泥

糖类、蛋白质、维生素、矿物质

双菜米糊

材料

大白菜 10 克，包菜 10 克，白米饭 10 克，高汤 100 毫升

做法

1 大白菜、包菜洗净后，放入滚水中焯烫 1 分钟，捞起沥干，切碎。

2 白米饭、高汤和烫熟的蔬菜一同放入锅内炖煮 3 ~ 5 分钟后，待凉放入搅拌机中搅打均匀即可。

小叮咛 ....

大白菜是宝宝肠道健康、视力发育的好帮手；所含锌可提高宝宝免疫力、促进大脑发育，还含大量粗纤维可帮助消化，并具有清肺止咳的作用。

糖类、蛋白质、维生素、矿物质

洋葱西蓝花泥

材料

洋葱 20 克，西蓝花 20 克，高汤 100 毫升

做法

1 洋葱洗净，去皮后切碎；西蓝花洗净，取花蕾部分，放入滚水中焯烫 1 分钟，捞起沥干，切碎。

2 锅中放入西蓝花、洋葱和高汤一同炖煮 3 ~ 5 分钟，待凉放入搅拌机中搅打均匀即可。

小叮咛 ....

洋葱的维生素及多酚含量高，并且抗氧化、抗发炎，假使宝宝有气喘，也可以食用它帮助减轻症状，还能帮助增加消化液分泌，促进宝宝对铁的吸收。

糖类、蛋白质、维生素、矿物质

包菜芥菜汁

材料

包菜 10 克，芥菜 10 克，高汤 100 毫升

做法

1 包菜、芥菜洗净后，放入滚水中焯烫至熟，捞起沥干。

2 待蔬菜放凉，放入搅拌机中，加入高汤搅打均匀，再取出过滤杂质，留下汤汁。

3 将汤汁放入锅中加热，煮滚即可。

小叮咛 ....

包菜具备丰富的葡萄糖、维生素 A、B 族维生素、维生素 C、维生素 K 及维生素 U，对于肠胃虚弱的宝宝，有调理肠胃的功能，排便不顺畅或容易便秘的宝宝，也可以经常食用。

糖类、蛋白质、维生素、矿物质

韭菜泥

材料

韭菜 30 克

做法

1 韭菜洗净，切成小段，放入滚水中煮熟。

2 煮熟的韭菜加 100 毫升水，放入搅拌机中搅打均匀，再放入锅中煮滚即可。

小叮咛 ....

韭菜又称为"洗肠草"，是调味的好食材、天然的营养良药，可帮助肠胃道蠕动，治疗便秘、增进食欲，并具有杀菌消炎的功效，还能降低伤风感冒的几率。

胡萝卜玉米汁

西红柿汁

青椒红薯泥

毛豆胡萝卜蒸蛋

糖类、蛋白质、维生素、矿物质

西红柿汁

材料

西红柿 50 克

做法

1 将西红柿洗净，去籽，放入滚水中煮熟后去皮。

2 将去皮西红柿放入搅拌机中，加入 100 毫升开水搅打均匀，再用筛网滤去杂质即可。

西红柿表皮残留的农药用水清洗即可，但和别的蔬菜一样，皮和果肉之间有可能有农药渗入，所以去皮后最好再用温水清洗一下，会比较安全。

糖类、蛋白质、脂肪、维生素、矿物质

胡萝卜玉米汁

part
3

材料

胡萝卜 10 克，玉米 10 克

做法

1 胡萝卜洗净、去皮，切小块；玉米洗净，取玉米粒。

2 将玉米和胡萝卜、100 毫升水放入电锅内，蒸至食材熟软。

3 将蒸好的食材放入搅拌机中打成泥，再用筛网过滤杂质，取汁即可。

玉米的维生素含量高，具有膳食纤维，可促进肠道蠕动、增强新陈代谢、有助消化、防止便秘，也是宝宝智力与脑力发育时的营养来源之一，还能保护眼睛。

糖类、蛋白质、脂肪、维生素、矿物质

毛豆胡萝卜蒸蛋

材料

鸡蛋 1 个，毛豆 5 克，胡萝卜 10 克，高汤 100 毫升

做法

1 毛豆洗净沥干，用刀背压碎；胡萝卜洗净、去皮，切碎。

2 将毛豆和胡萝卜放入滚水中焯烫 3 分钟后，捞出沥干。

3 鸡蛋打散，加入毛豆、胡萝卜和高汤一起拌匀，放入电锅中，外锅加 200 毫升水，蒸至熟软即可。

毛豆的脂肪含量高于蔬菜；含有丰富的卵磷脂，是宝宝大脑发育不可或缺的营养素来源；纤维含量高，便秘时可多吃；所含的铁容易被吸收，很适合宝宝食用。

糖类、蛋白质、维生素、矿物质

青椒红薯泥

材料

青椒 20 克，红薯 30 克

做法

1 青椒洗净、去籽，切小块；红薯洗净，去皮切块。

2 将青椒和红薯一同放入电锅内，外锅加 100 毫升水，蒸至熟软后，放入搅拌机中搅打均匀即可。

青椒的维生素 C 特别丰富，能提高宝宝免疫力；其特有的味道能刺激唾液和胃液分泌，可增进食欲、帮助消化、防止便秘，还能杀除宝宝体内的寄生虫。

红到发紫粥

酪梨土豆泥

黄瓜枸杞粥

白萝卜梨子汁

糖类、蛋白质、维生素、矿物质

红到发紫粥

材料

白米饭 50 克，茄子 30 克，红椒 20 克，西蓝花 10 克，高汤适量

做法

1 茄子与红椒洗净，去蒂和籽，切碎；西蓝花洗净，放入滚水中煮 1 分钟后，捞起切碎。

2 锅中放入白米饭、高汤及茄子、红椒、西蓝花，用小火炖煮 10 分钟。

3 最后倒入搅拌机中，均匀打成泥即可。

小叮咛

茄子皮的 B 族维生素和维生素 C 是增强代谢的主要推手，可以保护心血管、抗衰老、防治胃癌。秋后的茄子偏苦，脾胃虚寒、气喘者不宜多吃。

糖类、蛋白质、维生素、矿物质

黄瓜枸杞粥

材料

白米饭 50 克，大黄瓜 20 克，高汤适量，枸杞少许

做法

1 枸杞洗净，泡开水软化后切碎，备用；大黄瓜洗净，切细碎。

2 锅内放入高汤、白米饭与大黄瓜、枸杞，用小火炖煮 10 分钟即可。

小叮咛

新鲜的大黄瓜皮含有丰富的维生素，头、尾更含有丰富的葫芦素，可增进身体免疫功能，增强抵抗力。大黄瓜性凉，食用可搭配枸杞、桂圆干等温热食物调和。

糖类、蛋白质、脂肪、维生素、矿物质

酪梨土豆泥

材料

土豆 300 克，酪梨 50 克，柠檬汁少许

做法

1 酪梨洗净，去皮和果核，并在果肉的表面涂上少许柠檬汁，防止果肉变色。

2 土豆洗净，去皮，放入蒸锅中蒸熟。

3 将土豆和酪梨一同放进搅拌机中，打成泥即可。

小叮咛

酪梨含多种维生素、脂肪酸和蛋白质，营养价值可与奶油媲美，故拥有"森林奶油"之美誉，其中包含大量维生素与膳食纤维，对美容保健很有作用。

糖类、蛋白质、维生素、矿物质

白萝卜梨子汁

材料

白萝卜 50 克，水梨 50 克

做法

1 白萝卜洗净、去皮，切细碎；水梨洗净，去皮和核，切薄片。

2 锅中加适量水烧滚后，放入白萝卜炖煮约 10 分钟，再加入水梨续煮 5 分钟。

3 将所有食材捞起，取其汁饮用即可。

小叮咛

水梨水分丰富，虽甜但其热量与脂肪含量都低，对于容易厌食、消化不良、肠炎及罹患慢性咽喉炎的宝宝，都很有疗效，还能提高骨钙。

双瓜菜菜泥

黄绿红泥

香蕉胡萝卜泥

苹果香瓜汁

糖类、蛋白质、维生素、矿物质

双瓜菜菜泥

材料

小黄瓜 20 克，红薯 30 克，芝麻叶 10 克

做法

1 小黄瓜洗净，切块；红薯洗净，去皮后
   切块；芝麻叶洗净，放入滚水中焯烫约
   1 分钟，捞起切碎。

2 将小黄瓜和红薯一同放入电锅中，外锅
   加 200 毫升水，蒸至熟软。

3 将所有食材放入搅拌机中，均匀打成泥
   即可。

小叮咛

芝麻叶含有水溶性钙、铁、矿物质、锌、
锰与多种维生素等营养成分，有促进肠胃
蠕动、改善便秘的疗效。

糖类、蛋白质、维生素、矿物质

黄绿红泥

材料

小黄瓜 20 克，洋葱 20 克，胡萝卜 20 克

做法

1 小黄瓜洗净，切块；洋葱、胡萝卜洗净，
   去皮后切块。

2 所有食材一同放入电锅中，外锅加 200
   毫升水，蒸至熟软。

3 最后放入搅拌机，均匀打成泥即可。

小叮咛

处于长牙阶段的宝宝，可以拿小黄瓜让宝
宝用手抓着吃，训练手眼协调能力的同时，
磨牙也能让牙齿更快长出来；此外还可缓
解宝宝便秘、增强记忆力。

糖类、蛋白质、维生素、矿物质

香蕉胡萝卜泥

材料

香蕉 50 克，胡萝卜 10 克

做法

1 香蕉、胡萝卜洗净，去皮后切块，放入
   电锅中，外锅加 200 毫升水，蒸至熟软。

2 将蒸软的香蕉和胡萝卜放入搅拌机中，
   加适量开水，均匀打成泥即可。

小叮咛

香蕉含有丰富的淀粉质、大量糖类、膳食
纤维、维生素 A，能促进生长，增强对疾
病的抵抗力，同时可以保护视力、促进食
欲、帮助消化。

糖类、蛋白质、维生素、矿物质

苹果香瓜汁

材料

苹果 50 克，香瓜 50 克

做法

1 苹果、香瓜洗净，去皮和籽，切块后放
   入电锅中，外锅加 200 毫升水，蒸熟。

2 将蒸软的苹果和香瓜放入搅拌机中，加
   适量开水，均匀打成泥，并过筛滤掉杂
   质即可饮用。

小叮咛

香瓜含钙、磷、铁以及多种维生素，是宝
宝成长不可或缺的营养物质，能滋润宝宝
肠胃，改善消化吸收和缓解排便不顺，有
着"体内清洁剂"的特殊作用。

part

3

枸杞海带冬瓜汤

火龙果彩椒米糊

葫芦蔬食泥

彩椒绿笋泥

糖类、蛋白质、维生素、矿物质
枸杞海带冬瓜汤

材料
海带 20 克，冬瓜 50 克，枸杞少许

做法
1 冬瓜洗净，去皮和籽，切片；海带、枸杞洗净后泡水。
2 锅中放入 500 毫升水，煮滚后加入所有食材，炖煮 35 分钟，待汤汁呈乳白色即可。

小叮咛 ....

炎热夏天，宝宝胃口下降，食欲不振，妈妈可以熬些冬瓜汤给宝宝喝，补充水分且消暑；冬瓜中所含的丙醇二酸，还能有效抑制糖类转化为脂肪。

糖类、蛋白质、维生素、矿物质
火龙果彩椒米糊

材料
白米 30 克，火龙果 50 克，彩椒 15 克

做法
1 火龙果洗净，去皮切块；彩椒洗净，去蒂和籽，切块；白米洗净。
2 白米中加入 200 毫升水，再加入火龙果、彩椒，一同放入电锅中，外锅加 200 毫升水，蒸至熟软。
3 最后倒入搅拌机中，均匀打成泥即可。

小叮咛 ....

火龙果可帮助清除体内的重金属、保护胃壁；富含水溶性膳食纤维，可缓解宝宝便秘；其铁元素含量比一般水果高，对造血功能有一定的帮助。

糖类、蛋白质、维生素、矿物质
葫芦蔬食泥

材料
葫芦 20 克，胡萝卜 10 克，白米 50 克

做法
1 葫芦、胡萝卜洗净，去皮后切丁。
2 锅中加 300 毫升水煮滚，再放入所有食材一同炖煮至白米软烂。
3 最后放进搅拌机中，均匀打成泥即可。

小叮咛 ....

葫芦能强健骨骼与牙齿的发育，富含维生素 A、维生素 C、葡萄糖、矿物质与 β－胡萝卜素，并含有钙、磷、铁与糖类，夏日食用清凉并解渴。

糖类、蛋白质、维生素、矿物质
彩椒绿笋泥

材料
彩椒 30 克，芦笋 10 克

做法
1 彩椒洗净，去蒂和籽，切块；芦笋洗净，切小段。
2 烧一锅滚水，焯烫彩椒和芦笋 5 分钟后，捞出放凉。
3 最后放入搅拌机中，加入些许焯烫的汤汁，一起打成泥状即可。

小叮咛 ....

芦笋可增进食欲、促进宝宝消化道功能，同时拥有高纤维素，可提高身体免疫力；且促进大脑发育的叶酸含量高，有助于宝宝大脑的发育。

猕猴桃蕉泥

南瓜芋头浓汤

红枣木耳露

绿豆海带汤

糖类、蛋白质、维生素、矿物质

猕猴桃蕉泥

材料

猕猴桃 40 克，香蕉 50 克，柠檬汁少许

做法

1 猕猴桃洗净，去皮；香蕉去皮。

2 将猕猴桃和香蕉放入搅拌机中，加入少许的柠檬汁，均匀打成泥即可。

小叮咛 ....

猕猴桃是营养密度最高的蔬果，含有水果中少见的营养成分如叶酸、β – 胡萝卜素、氨基酸、黄体素与钙等，能减少肠胃胀气、促进生长激素的分泌。

糖类、蛋白质、维生素、矿物质

南瓜芋头浓汤

材料

南瓜 20 克，芋头 20 克，小黄瓜 10 克，高汤适量

做法

1 南瓜、芋头洗净，去皮切块；小黄瓜洗净，切丁。

2 将所有食材放入锅中，加入高汤，一同炖煮至软烂。

3 最后放入搅拌机中，打成糊状即可。

小叮咛 ....

芋头能增强宝宝免疫力与抵抗力，其中矿物质氟的含量较高，具有保护牙齿作用；其含有的天然的多糖类高分子植物胶体，也有很好的止泻作用。

糖类、蛋白质、维生素、矿物质

红枣木耳露

材料

木耳 30 克，去核红枣 2 个

做法

1 红枣洗净，用水泡开后，切小丁；木耳去蒂，洗净后切小丁。

2 将红枣和木耳放入搅拌机中打匀，再放入锅内，加入 30 毫升水，用中小火炖煮至软烂即可。

小叮咛 ....

木耳可补充铁，其含量比菠菜的高出 20 倍，喂食的时候，一定要炖得很烂，才容易被肠胃消化吸收。木耳不适合肠胃虚弱或正在腹泻的宝宝食用。

糖类、蛋白质、维生素、矿物质

绿豆海带汤

材料

海带 30 克，绿豆 20 克，去核红枣 1 个，陈皮 5 克

做法

1 海带洗净，用水泡开；绿豆洗净，用温水泡开；陈皮、红枣洗净，用温水泡开，沥干后切碎。

2 将所有食材放入锅中，加适量水，用大火炖煮 20 ~ 25 分钟即可。

小叮咛 ....

海带中含有丰富的碘，是预防甲状腺疾病的最佳食材，也能提升免疫力；所含丰富的钙，在宝宝成长过程中，能促进骨骼发育，是不可或缺的好东西哦！

肉末四季豆粥

果菜米饼

白红黄吱吱泥

什锦菇菇高汤

糖类、蛋白质、脂肪、维生素、矿物质

肉末四季豆粥

材料

白米饭 50 克，四季豆 50 克，瘦绞肉 30 克，胡萝卜 20 克，木耳 10 克，高汤 200 毫升

做法

1 胡萝卜洗净，去皮后切丁；绞肉洗净，沥干后切碎；木耳洗净，去蒂后切碎；四季豆洗净，切碎。

2 锅中放入高汤、白米饭熬煮成粥，再加入剩下的食材，用中小火炖煮 10 分钟，煮至熟软即可。

小叮咛

胡萝卜能促进骨骼、脑部发育，提高新陈代谢、增强免疫力与抵抗力，以及牙床的健康发育。胡萝卜还能明目养眼，促进良好视力的形成，也可提高记忆力。

糖类、蛋白质、维生素、矿物质

什锦菇菇高汤

材料

干香菇 4 朵，秀珍菇 30 克，金针菇 20 克，白玉菇 30 克，洋葱 50 克，包菜 50 克，海带 1 片，胡萝卜 100 克

做法

1 将菇类全部洗净；洋葱、胡萝卜洗净，去皮后切块；包菜、海带洗净。

2 锅中加 1200 毫升水煮滚后，放入所有食材，用中大火炖煮 25 ~ 30 分钟。

3 将所有食材与杂质全部捞出，放凉后可分装放置冷藏或冷冻，要使用时再取出即可。

小叮咛

秀珍菇、干香菇、金针菇、白玉菇都含有多糖体，可增强免疫力。对于脾胃不好的宝宝来说，可选用菇类的食材来入菜，一样可以摄取均衡的营养。

糖类、蛋白质、维生素、矿物质

果菜米饼

材料

白米饭 50 克，花菜 20 克，苹果 25 克

做法

1 花菜洗净，放入滚水中焯烫 3 分钟，捞起；苹果洗净，去皮和籽，磨成泥。

2 将花菜、白米饭与苹果泥一同放入搅拌机中打匀，再将打好的果菜泥分成大小一致的圆饼状，铺在烤盘上，放进烤箱，以 180℃烤 5 分钟即可。

小叮咛

花菜有"天赐的良药"和"穷人的医生"的美称，含丰富的 β－胡萝卜素与维生素 C，可促进与维持宝宝牙齿及骨骼的正常发育，保护视力与增加记忆力。

糖类、蛋白质、维生素、矿物质

白红黄吱吱泥

材料

甜菜根 50 克，洋葱 30 克，土豆 30 克

做法

1 将甜菜根、土豆、洋葱洗净后，去皮、切块。

2 所有食材放入电锅中，外锅加 200 毫升水，蒸至食材熟软。

3 最后放入搅拌机中，打成泥即可。

小叮咛

甜菜根被称为"生命之根"，在古代英国的传统医疗方法中，是用来治疗血液疾病的重要药物，容易消化，也有助于提高食欲，也可以有效缓解头痛的状况。

皇帝豆炖排骨汤 + 金莎豆腐泥

皇帝豆炖排骨汤

金莎豆腐泥

材料

皇帝豆 100 克，排骨 60 克，姜 2 片

做法

1 皇帝豆洗净，沥干；排骨洗净，放入滚水中汆烫去血水，捞出备用。

2 锅中加 1800 毫升水煮滚后，放入排骨、皇帝豆和姜片一同炖煮，至汤汁呈乳白色后关火。

3 用筛网过滤掉所有食材和杂质，放凉后可分装，放进冰箱冷藏或冷冻保存，要使用时再取出即可。

皇帝豆含有丰富的蛋白质，可以预防贫血；所含矿物质磷，还能增强身体新陈代谢。

材料

蛋黄 1 个，豆腐 100 克，豌豆 10 克，红薯 10 克，苹果 20 克

做法

1 红薯洗净、去皮，蒸熟后压成泥；豆腐洗净，放入滚水中煮熟后压碎；豌豆洗净；蛋黄打散；苹果洗净，去皮和籽，磨成泥备用。

2 蛋液中加入豌豆，搅拌均匀后放入电锅中蒸熟，再压成泥状。

3 将所有食材放入锅中炖煮 5 分钟，加入苹果泥即可。

豆腐中所含的钙，能让宝宝骨骼与牙齿发育得更健康。

鸡肉舞菇粥 + 芹豆牛肉粥

材料

白米饭 50 克，舞菇 10 克，鸡肉
15 克，芹菜 10 克，包菜 10 克，
胡萝卜 10 克，高汤 200 毫升

做法

1 鸡肉、舞菇洗净，烫熟后切
　碎末；芹菜洗净，切细丁；
　包菜洗净，切丝；胡萝卜洗
　净，去皮后切碎。

2 锅中放入高汤和白米饭，用
　小火熬煮成粥，再加入胡萝
　卜、包菜和芹菜，煮软后加
　入舞菇和鸡肉，续煮 10 分
　钟即可。

小叮咛

舞菇含有帮助钙吸收的维生素
D，其中也包含了人体必需的
氨基酸、不饱和脂肪酸。

鸡肉舞菇粥

芹豆牛肉粥

材料

白米饭 50 克，牛绞肉 50 克，
芹菜 30 克，碗豆 30 克，高汤
200 毫升

做法

1 碗豆洗净，沥干后切碎；芹
　菜洗净，沥干后切碎；牛绞
　肉放入滚水中氽烫至变色
　后，捞出切碎备用。

2 锅中放入高汤和白米饭，用
　小火熬煮成粥，再加入豌豆
　和芹菜，煮软后加入牛绞
　肉，续煮 5 分钟即可。

小叮咛

芹菜含蛋白质、脂肪、糖类、
粗纤维、钙、磷、铁等多种营
养物质。

糖类、维生素、矿物质

包菜稀粥

材料

泡好的白米 10 克，包菜 20 克

做法

1 把白米磨碎，再加入 100 毫升水，熬成米粥。

2 包菜洗净后，用刀剁碎，越碎越好。

3 在米粥里放进包菜碎末，煮滚即可。

小叮咛 ⋯⋯⋯⋯⋯⋯⋯⋯⋯⋯⋯

包菜是碱性食物，含有多种维生素及丰富的钙等成分，所含的钙比牛奶的更容易被人体所吸收，所以吃包菜对宝宝很有助益。

糖类、蛋白质、维生素、矿物质

香蕉菠萝稀粥

材料

泡好的白米 10 克，香蕉 15 克，菠萝丁 15 克

做法

1 把白米磨碎，再加 70 毫升水熬成米粥。

2 香蕉去皮，和菠萝丁一起磨成泥。

3 将香蕉泥和菠萝泥放进米粥里，煮滚即完成。

小叮咛 ⋯⋯⋯⋯⋯⋯⋯⋯⋯⋯⋯

香蕉含有大量糖类物质及其他营养成分，可充饥、补充营养及能量，并且可以润肠通便、缓和胃酸的刺激、保护胃黏膜、消炎解毒。

苹果稀粥

3

材料

泡好的白米 10 克，苹果 30 克

做法

1 把白米磨碎，再加入 100 毫升水，熬成米粥。

2 苹果洗净，去皮和果核之后，磨成泥。

3 在米粥里放进苹果泥，煮滚即可。

小叮咛

苹果能增进食欲、生津止渴、预防和改善感冒。空腹吃，有通便效果；饭后吃，能改善腹泻，有益肠道健康。宝宝如果便秘，吃苹果可以改善症状。

糖类、维生素、矿物质

萝卜水梨稀粥

材料

泡好的白米 10 克，白萝卜 10 克，水梨 15 克

做法

1 把白米磨碎，再加 70 毫升水熬成米粥。

2 水梨洗净，去皮和果核，磨成泥；白萝卜洗净、去皮，磨成泥。

3 在米粥里放进水梨和白萝卜，煮滚即可。

小叮咛

白萝卜是一种低热量的食物，能增强人体免疫力，还可以分解肉类脂肪，芥子油和白萝卜中的淀粉酶一起相互作用，有促进胃肠蠕动的功效。

糖类、蛋白质、维生素、矿物质
南瓜稀粥

材料
泡好的白米 10 克，南瓜 10 克

做法

1 把白米磨碎，再加适量水熬成米粥。

2 南瓜洗净，去皮及瓤，蒸熟后磨碎。

3 在米粥里放进磨碎的南瓜，煮滚即可。

小叮咛

南瓜是典型的黄绿色蔬菜，含有丰富的维生素 A、维生素 E、β－胡萝卜素，可增强免疫力；所含大量的锌是促进生长发育的好帮手；好消化、易吸收。

糖类、蛋白质、维生素、矿物质
南瓜蔬菜汤

材料
南瓜 20 克，蔬菜高汤 80 毫升

做法

1 将南瓜洗净，去皮及瓤，切丁，放入搅拌机中，加蔬菜高汤打成泥状。

2 取出打好的南瓜蔬菜泥，放入锅内，用小火煮滚即可。

小叮咛

南瓜是预防感冒、低过敏的食材，其中的 β－胡萝卜素可以转化为维生素 A，可促进眼睛健康发展、预防组织老化、维护视神经健康。

糖类、蛋白质、脂肪、维生素、矿物质

南瓜拌核桃

材料

南瓜 50 克，土豆 50 克，葡萄干 5 克，核桃粉 15 克，牛奶（配方奶）5 毫升

做法

1 南瓜洗净，去皮及瓤，蒸熟后磨碎；土豆洗净去皮，煮熟后磨碎；葡萄干剁碎。

2 碗中放入碎南瓜和土豆，加入碎葡萄干和核桃粉一起搅拌均匀，最后再加入牛奶拌匀即可。

小叮咛 ⋯⋯⋯⋯⋯⋯⋯⋯⋯⋯⋯⋯⋯⋯

核桃营养丰富，蛋白质和糖类含量较高，能提供宝宝大脑能量，可以促进大脑灵活；此外还能促进血液循环，提高宝宝记忆力和思考力。

糖类、蛋白质、脂肪、维生素、矿物质

蛋黄粥

材料

熟蛋黄 1 个，白米 10 克

做法

1 把白米磨碎，再加 70 毫升水熬成米粥。

2 将蛋黄压碎后放入米粥里，煮滚即可。

小叮咛 ⋯⋯⋯⋯⋯⋯⋯⋯⋯⋯⋯⋯⋯⋯

宝宝 6 个月之后，才可以喂食蛋黄，而蛋黄的营养价值比蛋白的高。鸡蛋是高蛋白食物，如果食用过多，会导致代谢产物增多，同时也增加肾脏负担。

糖类、蛋白质、维生素、矿物质

绿椰胡萝卜粥

材料
白米糊 60 克，西蓝花 10 克，胡萝卜 10 克

做法

1 西蓝花洗净，用滚水焯烫后，取花蕾部分磨碎。

2 胡萝卜洗净、去皮，蒸熟后捣成泥。

3 锅中放入白米糊、磨碎的西蓝花和胡萝卜泥，煮滚即可。

小叮咛 ▸▸▸▸▸▸▸▸▸▸▸

西蓝花含有丰富的维生素 C 和纤维质，可以让宝宝的皮肤变好，预防便秘；胡萝卜含有丰富的维生素 A，具有促进身体正常生长及增强人体免疫力的功能。这两种食材都是宝宝可以经常食用的。

糖类、蛋白质、脂肪、维生素、矿物质

优酪乳白米粥

材料
白米糊 60 克，优酪乳 50 毫升

做法

1 白米糊加入适量水，熬煮成稀粥。

2 白米粥在室温下放凉后，再加入优酪乳搅拌均匀即可。

小叮咛 ▸▸▸▸▸▸▸▸▸▸▸

优酪乳可促进宝宝肠胃功能，并增加肠道里的益生菌、强化消化排泄系统，但由于酸度高，不适合让宝宝直接饮用，可以与果汁混合饮用，或与其他适合搭配的食材一起烹调后食用。

糖类、蛋白质、维生素、矿物质

草莓米糊

材料
白米糊60克，草莓2个

做法

1 草莓洗净后，去蒂头，磨成泥。

2 锅中放入米糊和磨好的草莓泥，略煮一下即可。

小叮咛

草莓维生素C的含量丰富，可帮助消化，其抗氧化能力强，可保护身体免受自由基伤害；其根叶、果实中，含有相当多的活性物质，可增加免疫力。

糖类、蛋白质、脂肪、维生素、矿物质

小米牛奶粥

材料
小米15克，牛奶（配方奶）80毫升

做法

1 将小米淘洗干净，浸泡1小时。

2 将小米和牛奶放入锅内，用大火煮滚，转小火续煮25分钟，熬至黏稠即可。

小叮咛

小米是营养价值非常高的谷类食物，对宝宝健康相当有益。选购小米时，可用手指沾水后搓揉一下，如有黄色残留手上，即为用姜黄粉染色的假货。

糖类、蛋白质、维生素、矿物质

香蕉豆腐糊

材料

白米糊 60 克，香蕉 10 克，豆腐 10 克

做法

1 香蕉去皮后磨成泥；豆腐烫熟后捣碎。

2 锅中放入白米糊、适量水、香蕉和豆腐，用小火慢慢煮滚即可。

小叮咛

香蕉几乎涵盖所有维生素和矿物质，而且食物纤维含量丰富，具有很好的通便效果，加上含有果胶成分，能充分润滑肠道、加速粪便通过的速度，不让废物滞留肠道，有效预防宝宝便秘。

糖类、蛋白质、脂肪、维生素、矿物质

香蕉酸奶

材料

香蕉 25 克，原味酸奶 20 毫升

做法

1 香蕉去皮后切小块，磨成泥。

2 在香蕉泥中加入适量冷开水、原味酸奶，充分搅拌均匀即可。

小叮咛

酸奶的营养价值与牛奶的相当，且比牛奶更容易消化吸收。对乳蛋白过敏或乳糖不耐症而不能喝牛奶的宝宝，由于乳酸菌会提供酶并且转化乳蛋白来帮助摄取，因此也能食用酸奶。

维生素、矿物质
哈密瓜汁

材料
哈密瓜 1 片

做法
1 用汤匙挖取哈密瓜中心熟软的部分，放入搅拌机中搅打成泥。
2 倒出果汁，用筛网过滤。
3 哈密瓜汁中加入适量冷开水稀释即可。

小叮咛 ·············

宝宝在吞咽期因为肠胃发育还不成熟，比较容易因吃进的食物而产生过敏症状，建议不要单独喂食水果。将水果加入米糊中煮熟，或是加开水稀释再喂宝宝吃，可减少过敏的发生。

糖类、维生素、矿物质
哈密瓜米糊

材料
白米糊 60 克，哈密瓜 30 克

做法
1 白米糊加适量水煮滚。
2 哈密瓜洗净，去籽和皮，磨成泥。
3 在煮好的白米糊中，加入哈密瓜泥，用小火煮 3 分钟即可。

小叮咛 ·············

哈密瓜含有 B 族维生素，有很好的保健功效；所含维生素 C 有助于人体抵抗传染病。其钾含量丰富，可防止冠心病、帮助身体从损伤中迅速恢复。所含的叶酸有助于预防小儿神经管畸形。

糖类、维生素、矿物质

红椒苹果泥

材料

红椒 10 克，苹果 20 克

做法

1 红椒洗净，去籽后切小块，加入少量水，放入搅拌机内搅打成泥。

2 苹果洗净、去皮，磨成泥。

3 煮熟红椒泥，加入苹果泥搅拌即可。

小叮咛 ▸ ·········

红椒营养成分丰富，有强大的抗氧化作用，可使体内细胞活化，并具有御寒、增强食欲、杀菌的功效。新鲜的红椒大小均匀，色泽鲜亮，闻起来有瓜果香味。

糖类、维生素、矿物质

胡萝卜米糊

材料

白米糊 60 克，胡萝卜 10 克，水梨 15 克

做法

1 水梨洗净，去皮和果核后，磨成泥。

2 胡萝卜洗净、去皮，蒸熟后磨成泥。

3 锅中放入白米糊、水梨泥和胡萝卜泥，稍煮片刻即可。

小叮咛 ▸ ·········

胡萝卜含丰富的维生素 A，具有促进机体正常生长及增强人体免疫力的功能。胡萝卜香甜且营养，煮熟后压成泥状也十分好入口，是制作辅食的推荐食材。

糖类、蛋白质、脂肪、维生素、矿物质

菜豆萝卜汤

材料

菜豆 10 克，胡萝卜 10 克，牛奶（配方奶）
70 毫升

做法

1 胡萝卜洗净、去皮，蒸熟后捣成泥。

2 菜豆洗净，烫熟后放入搅拌机中，搅打
成泥。

3 锅中放入所有材料，煮滚即可。

小叮咛

菜豆除含有丰富的维生素外，还有帮助消
化的功能，有益于宝宝肠胃吸收及保健。
胡萝卜的营养价值非常高，且经过蒸熟或
捣碎后，都不会破坏其营养素。

糖类、维生素、矿物质

水梨米糊

材料

白米糊 60 克，水梨 15 克

做法

1 白米糊加适量水搅拌均匀。

2 水梨洗净，去皮、去果核，磨成泥备用。

3 将白米糊煮滚，加入水梨泥，再稍煮片
刻即可。

小叮咛

水梨是碱性食物，甜味较重，有利尿的效
果，可有效预防及消除便秘。给断乳期的
宝宝喂食一点水梨，可以帮助消化，也有
利于排便。

糖类、蛋白质、脂肪、维生素、矿物质

板栗米糊

材料

白米糊60克，板栗3个

做法

1 白米糊中加适量水搅拌均匀。

2 将板栗去壳后蒸熟，研磨成泥，

3 锅中放入白米糊和板栗泥煮滚即可。

小叮咛 ∙∙∙∙∙∙∙∙∙∙∙∙∙∙∙∙∙∙∙∙∙∙∙∙∙∙∙∙∙∙∙∙∙∙

板栗含有丰富的维生素和矿物质，有益于
宝宝肌肉和骨骼的发育。生板栗在烹煮之
前，若先浸泡水中1～2小时，煮熟后便
非常容易去壳。

糖类、蛋白质、脂肪、维生素、矿物质

蛋香土豆糊

材料

熟蛋黄半个，土豆50克，牛奶（配方奶）
45毫升

做法

1 将蛋黄磨成泥。

2 土豆洗净，去皮蒸熟后，磨成泥。

3 将蛋黄泥和土豆泥混合拌匀，再加入牛
奶，煮滚即可。

小叮咛 ∙∙∙∙∙∙∙∙∙∙∙∙∙∙∙∙∙∙∙∙∙∙∙∙

鸡蛋的营养成分很高，包含钾、钠、镁、
铁、磷、维生素A、维生素D和维生素E等，
蛋白质尤为丰富，堪称最佳的天然食物。
蛋白不易消化，不适合吞咽期的宝宝吃。

糖类、蛋白质、维生素、矿物质

麦粉糊

材料

燕麦粉 45 克，西蓝花 2 朵

做法

1 将西蓝花洗净，取花蕾部分，放入滚水中烫熟，取出切碎。

2 燕麦粉加水调成糊状，加入碎西蓝花，煮滚即可。

小叮咛

燕麦含有丰富的蛋白质、脂肪、钙、磷、铁及 B 族维生素，其脂肪含量为麦类之冠，也是补钙最佳来源之一。

 扫一扫，轻松学

糖类、蛋白质、维生素、矿物质

西蓝花豆浆

材料

西蓝花 15 克，豆浆 60 毫升

做法

1 西蓝花洗净，取花蕾部分。

2 将豆浆和西蓝花放入搅拌机中，搅打成泥状后，用小火煮滚即可。

小叮咛

豆浆一定要煮熟才能喝，否则容易导致蛋白质代谢障碍而出现中毒现象，而且一次不要喝过量，以免消化不良，引发腹泻等不适症状。

糖类、蛋白质、维生素、矿物质

草莓牛奶粥

材料

泡好的白米 10 克，草莓 1 个，牛奶（配方奶）70 毫升

做法

1 把白米磨碎，再加入牛奶熬成米粥。

2 草莓洗净、去蒂后磨成泥，用纱布过滤。

3 在米粥里放进草莓泥，煮滚即可。

小叮咛

草莓的维生素 C 含量丰富，可帮助消化；其抗氧化能力强，可保护身体免受自由基伤害；其根叶、果实中，含有相当多的活性物质，可增强免疫力。

糖类、蛋白质、维生素、矿物质

香橙南瓜糊

材料

南瓜 20 克，橙汁 30 毫升

做法

1 南瓜洗净，去皮及瓤，蒸熟后磨成泥。

2 将南瓜泥与橙汁放入锅中搅拌均匀，煮滚即可。

小叮咛

南瓜富含多种营养素，颜色越黄，β–胡萝卜素含量越高，甜度也越高。要将南瓜煮熟需要较长的时间，如果没有时间，也可以购买超市的冷冻南瓜。

糖类、蛋白质、脂肪、维生素、矿物质

胡萝卜牛奶汤

材料

胡萝卜 30 克，牛奶（配方奶）70 毫升

做法

1 胡萝卜洗净、去皮，放入电锅中蒸熟后，磨成泥状。

2 将牛奶放入锅中用小火加热，加入胡萝卜泥，煮滚即可。

小叮咛

胡萝卜有增强免疫力的功能，其粗纤维可帮助宝宝维持好消化，而其中 β-胡萝卜素在人体内可转化为维生素 A，发挥保护宝宝皮肤和细胞黏膜的作用。

扫一扫，轻松学

糖类、蛋白质、维生素、矿物质

包菜菠萝糊

材料

菠萝果肉 15 克，包菜叶 10 克，白米糊 60 克

做法

1 将菠萝果肉磨成泥。

2 包菜叶洗净，烫熟后磨成泥。

3 锅中放入白米糊、菠萝泥和包菜泥，用小火煮滚即可。

小叮咛

菠萝含有丰富的维生素 B_1 和柠檬酸，能促进新陈代谢、恢复疲劳和增加食欲，而所含维生素 C 不受高温破坏，因此，用来制作辅食是不错的选择。

糖类、蛋白质、脂肪、维生素、矿物质

香蕉牛奶糊

材料

白米糊60克，香蕉15克，牛奶（配方奶）45毫升

做法

1 白米糊中加入牛奶，用小火煮滚。

2 香蕉去皮后磨成泥，放入奶糊中搅拌均匀，再加热至滚即可。

小叮咛 ....

香蕉含有丰富的维生素A，能促进生长，增强对疾病的抵抗力；其中富含的糖类，烹煮后会变成果糖或葡萄糖，可作为补充宝宝热量的来源。

糖类、蛋白质、维生素、矿物质

香蕉糊

材料

白米糊60克，香蕉20克

做法

1 将香蕉去皮，放入搅拌机里，搅打成香蕉泥。

2 锅中放入白米糊、适量水煮滚后，倒入香蕉泥，搅拌均匀即可。

小叮咛 ....

香蕉几乎含有所有维生素和矿物质，可以保护视力，促进食欲、助消化，保护神经系统，所含核黄素更能促进宝宝生长和发育，是适合宝宝食用的好食材。

糖类、蛋白质、维生素、矿物质

菠菜牛奶稀粥

材料

白米粥 60 克，菠菜 5 克，牛奶（配方奶）70 毫升

做法

1 菠菜洗净，挑选嫩叶，焯烫后捞出，挤干水分，磨成泥。

2 白米粥放入搅拌机中，打成糊状。

3 将菠菜和牛奶放入白米糊中，熬煮片刻即可。

小叮咛

菠菜含有丰富的 β-胡萝卜素，更含有不少叶酸，若孕妇在怀孕前后补充足够的叶酸，有助预防婴儿出现先天性缺陷。

糖类、蛋白质、维生素、矿物质

菠菜米糊

材料

白米糊 60 克，菠菜 10 克

做法

1 菠菜洗净后，快速焯烫并沥干水分。

2 将菠菜放入搅拌机中搅打成泥状，再用滤网过滤。

3 在白米糊中放入水和菠菜泥，煮滚即可。

小叮咛

菠菜含有丰富的营养物质，有较多的蛋白质、无机盐和各种维生素。其中维生素 A 的含量可以和胡萝卜相比，这些物质对宝宝的生长发育具备一定作用。

扫一扫，轻松学

糖类、蛋白质、维生素、矿物质

花菜米糊

材料

白米糊 60 克，花菜 20 克，苹果 25 克

做法

1 花菜洗净，取花蕾部分烫熟，切碎；苹果洗净、去皮，磨成泥备用。

2 锅中放入白米糊、适量水、花菜和苹果，煮滚即可。

小叮咛

花菜富含维生素及丰富的萝卜硫素，能对抗炎症。花菜最好挑选淡青色、瘦细、鲜翠的花梗，且茎部不空心的较佳。

糖类、蛋白质、脂肪、维生素、矿物质

西蓝花米粉糊

材料

白米 10 克，西蓝花 10 克，温牛奶（配方奶）70 毫升

做法

1 将白米洗净，研磨成粉。

2 将西蓝花洗净，取花蕾部分，放入滚水中煮熟后磨成泥状。

3 将温牛奶和米粉搅拌均匀，再加入西蓝花泥拌匀即可。

小叮咛

西蓝花能促进肝脏解毒、增强体质以及抗病能力，还能促进宝宝生长发育、维持牙齿和骨骼正常发展、保护视力，以及提高记忆力。

糖类、蛋白质、脂肪、维生素、矿物质
黄豆粉香蕉

材料
黄豆粉 5 克，香蕉 25 克

做法
1 香蕉去除外皮，磨成泥。
2 黄豆粉加入 100 毫升冷开水搅拌均匀，再加入香蕉泥搅拌即可。

小叮咛

香蕉含有丰富的淀粉质、大量糖类、膳食纤维、维生素 A，能促进生长、增强对疾病的抵抗力，同时可以保护视力，促进食欲、助消化。

糖类、蛋白质、脂肪、维生素、矿物质
丝瓜米泥

材料
白米糊 60 克，丝瓜 20 克，配方奶粉 15 克

做法
1 丝瓜洗净、去皮，蒸熟后切碎。
2 锅中加水和白米糊，煮滚后倒入丝瓜和配方奶粉拌匀，用小火烹煮，再次煮滚即可。

小叮咛

丝瓜富含多种维生素及多糖体等，有镇静、镇痛、抗炎等作用，但水分丰富，属寒性食物，体质虚寒或胃功能不佳的宝宝要尽量少食，以免造成肠胃不适。

糖类、维生素、矿物质

法式南瓜浓汤

材料

南瓜 30 克，牛奶（配方奶）45 毫升

做法

1 南瓜洗净并切块，蒸熟后去籽、去皮，再磨成泥。

2 锅中放入牛奶加热，再加入南瓜泥，搅拌均匀即可。

小叮咛

南瓜可以提供宝宝丰富的 β–胡萝卜素、B 族维生素、维生素 C 和蛋白质等。B 族维生素具有强化口腔黏膜组织的功效，当口腔开始发炎，食之可有效改善症状。

 扫一扫，轻松学

糖类、蛋白质、脂肪、维生素、矿物质

土豆牛奶汤

材料

土豆 50 克，牛奶（配方奶）50 毫升

做法

1 将土豆洗净、去皮，切小块，放入蒸锅中蒸至熟软，取出后趁热捣碎。

2 锅中放入牛奶，再倒入土豆泥，均匀搅拌后煮滚即可。

小叮咛

土豆营养成分很高，含有丰富的维生素及矿物质，其中钾含量是香蕉的两倍之多。更特别的是，其维生素 C 被淀粉包住后不易被高温破坏。

 扫一扫，轻松学

维生素、矿物质

苹果泥

材料
苹果 25 克

做法

1 苹果洗净，去皮和籽，磨成泥。

2 在磨好的苹果泥中，加入适量的温开水稀释，搅拌均匀即可。

小叮咛

苹果含有多种维生素和 β – 胡萝卜素等营养物质，容易被人体消化吸收，非常适合婴幼儿食用。

扫一扫，轻松学

糖类、蛋白质、脂肪、维生素、矿物质

鸡肉牛奶糊

材料
白米糊 45 克，鸡胸肉 10 克，土豆 10 克，牛奶（配方奶）50 毫升

做法

1 鸡胸肉洗净，烫熟后磨成泥；土豆洗净，蒸熟后去皮，磨成泥。

2 锅中放入白米糊、鸡肉泥、土豆泥和牛奶，煮滚即可。

小叮咛

鸡肉富含蛋白质，而其热量和脂肪含量比其他肉类低。在制作辅食的烹饪工具中，肉类、海鲜类和蔬果类用的刀和砧板应该分别准备，以确保卫生安全。

part 4

压碎期营养食谱
72 道

7～9个月的宝宝，是利用舌头、牙龈和上颚将食物压碎之后，再吞咽下去，
因此辅食要慢慢增加浓稠度、变粗颗粒，让宝宝可以练习咀嚼比起泥状食物
更有口感的食物。

糖类、蛋白质、脂肪、维生素、矿物质　　糖类、蛋白质、脂肪、维生素、矿物质

时蔬瘦肉泥+芥菜猪肉粥

时蔬瘦肉泥

芥菜猪肉粥

材料

瘦肉 20 克，包菜 10 克，洋葱 10 克，韭黄 10 克

做法

1 瘦肉剁碎；洋葱去皮，洗净切碎；包菜、韭黄洗净。

2 将瘦肉和洋葱放入电锅，蒸至熟软。

3 包菜和韭黄放入滚水中，焯烫 1 分钟后捞起沥干切碎。

4 将所有食材全部放入搅拌机内搅拌均匀即可。

小叮咛

韭黄能帮助肠胃道蠕动，治疗便秘、增进食欲，并具有杀菌消炎的功效。

材料

白米饭 50 克，芥菜 20 克，猪绞肉 50 克，高汤 100 毫升

做法

1 芥菜洗净，放入滚水中焯烫 1 分钟，捞起切碎；绞肉放入滚水中汆烫 3 分钟，去除杂质与腥味。

2 将芥菜、猪绞肉、白米饭和高汤一同放入锅中，炖煮 5 ~ 8 分钟即可。

小叮咛

芥菜含有有机碱，能刺激味觉神经、增进宝宝食欲，可加速肠胃蠕动、有助消化。

鲷鱼吐司浓汤 + 彩椒鲷鱼粥

材料

鲷鱼 20 克，吐司 1 片，西蓝花 10 克，配方奶 30 毫升，蔬菜高汤适量

做法

1 西蓝花洗净，放入滚水中焯烫 2 ~ 3 分钟；吐司去边后切丁；鲷鱼洗净。

2 锅中放入蔬菜高汤煮滚后，加入西蓝花、鲷鱼、吐司一同炖煮 10 分钟，再倒入配方奶，搅拌至汤汁呈浓稠状即可。

小叮咛

鲷鱼富含 DHA、EPA 以及维生素、矿物质，所含氨基酸能提高吸收消化率。

材料

白米饭 50 克，甜椒 20 克，鲷鱼 50 克，洋葱 10 克，高汤适量

做法

1 甜椒洗净，去蒂和籽，切碎；洋葱洗净，去皮后切碎；鲷鱼洗净。

2 锅中放入高汤煮滚后，加入所有食材一同炖煮 20 分钟，再放入搅拌机中搅拌均匀即完成。

小叮咛

彩椒可补充蛋白质，提高抵抗力与免疫力，并维持骨骼和牙齿的健康发育。

鲷鱼吐司浓汤

彩椒鲷鱼粥

鸡肉鲜菇蔬菜粥

香葱菠菜鱼泥粥

糖类、蛋白质、脂肪、维生素、矿物质

鸡肉鲜菇蔬菜粥

材料

白米饭 50 克，鸡肉 50 克，花菜 20 克，菠菜 10 克，蘑菇 5 克，高汤 200 毫升

做法

1 花菜、菠菜、蘑菇洗净，放入滚水中焯烫 1 分钟，捞起沥干后切碎；鸡肉洗净，切碎后放入滚水中汆烫 5 分钟。

2 锅中放入高汤、白米饭以及其他所有食材炖煮 8 ~ 10 分钟即可。

小叮咛 ·········

蘑菇有利于骨骼健康发展；其蛋白质含量丰富，接近肉类和蛋类；大量膳食纤维，可提高身体免疫力；维生素 A 可保护宝宝视力。

糖类、蛋白质、脂肪、维生素、矿物质

香葱菠菜鱼泥粥

材料

白米饭 50 克，鲷鱼 20 克，葱 5 克，菠菜 20 克，蘑菇 10 克，高汤 150 毫升

做法

1 蘑菇洗净，切碎；菠菜与葱洗净，放入滚水中焯烫 1 分钟，捞起沥干后切碎；鲷鱼洗净，去皮和刺。

2 将鲷鱼、葱、菠菜、蘑菇、白米饭和高汤一同放入电锅中，蒸至熟软即可。

小叮咛 ·········

菠菜含有丰富的 β - 胡萝卜素、维生素 C 和维生素 E、钙、磷、铁及大量植物粗纤维，可促进肠胃蠕动、帮助消化，对宝宝视力的发育也有相当大的帮助。

菜肉土豆泥

甜柿原味酸奶

糖类、蛋白质、脂肪、维生素、矿物质

菜肉土豆泥

材料

绿豆芽 15 克，甜椒 10 克，土豆 30 克，
猪绞肉 10 克

做法

1 绿豆芽去根洗净、甜椒洗净去籽，一起
放入滚水中烫熟后捞起；绞肉洗净，放
入滚水中烫去血水后捞起；土豆洗净，
去皮后切块。

2 猪绞肉和土豆一同放入电锅内，外锅加
200 毫升水，蒸至熟软，最后将绿豆芽、
甜椒放入搅拌机中均匀打成泥即可。

小叮咛

土豆富含维生素 C、糖类、维生素 B 族维
生素、钾和植物纤维等。土豆煮熟后，口
感软绵，宝宝方便入口，是经常使用的辅
食食材。

蛋白质、脂肪、维生素、矿物质

甜柿原味酸奶

材料

甜柿 10 克，原味酸奶 60 毫升

做法

1 甜柿洗净，去蒂和皮，磨成泥。

2 在原味酸奶中拌入甜柿泥即可。

小叮咛

柿子拥有丰富的 β - 胡萝卜素、维生素 A
以及维生素 C，所含果胶是一种水溶性的
膳食纤维，能使排便顺畅，同时能降火气、
清热解毒，好处多多。

鲭鱼丝瓜米粥

糖类、蛋白质、脂肪、维生素、矿物质

丝瓜炖牛肉粥

材料

白米饭 50 克，丝瓜 20 克，牛肉 30 克，胡萝卜 15 克，洋葱 10 克，玉米 10 克，姜 2 克，高汤适量

做法

1 丝瓜、姜洗净，去皮后切丁；玉米、牛肉洗净，切碎；洋葱、胡萝卜洗净，去皮后切碎。

2 将所有材料放入电锅中，外锅加 200 毫升水，蒸至熟软即可。

小叮咛 ·········

对于消化不良甚至严重便秘的宝宝而言，吃点丝瓜能润肠通便，还能有效预防一些寄生虫的疾病。另外感冒或上火导致多痰时，也能饮用丝瓜汤下火。

糖类、蛋白质、脂肪、维生素、矿物质

鲭鱼丝瓜米粥

材料

白米饭 50 克，丝瓜 10 克，鲭鱼 15 克，枸杞 3 克，高汤适量

做法

1 鲭鱼洗净，放入滚水中汆烫，捞出后用汤匙压碎；枸杞洗净，泡温水 2 分钟，捞出切碎；丝瓜洗净，去皮后切碎。

2 将所有材料一同放入电锅中，外锅加 200 毫升水，蒸至熟软即可。

小叮咛 ·········

鲭鱼是高蛋白、低脂肪、易被人体吸收的食物，含有 DHA、EPA，具有扩张血管、防止血液凝结等作用，对宝宝的脑神经传导和生长发育也有显著功效。

金黄鸡肉粥

山药鲷鱼苋菜粥

糖类、蛋白质、脂肪、维生素、矿物质

金黄鸡肉粥

材料

白米饭 50 克，木瓜 50 克，鸡柳 30 克，高汤适量

做法

1 木瓜洗净，去皮切丁；鸡柳洗净，切碎。

2 锅中放入高汤、白米饭、木瓜和鸡柳，炖煮 5 ~ 8 分钟即可。

小叮咛

木瓜含有大量水分、糖类、脂肪、多种维生素及多种人体必需氨基酸，能增强抗体。脾胃虚、过敏体质者以及月龄较小的宝宝则不宜多食。

糖类、蛋白质、脂肪、维生素、矿物质

山药鲷鱼苋菜粥

材料

白米饭 50 克，山药 10 克，鲷鱼 50 克，姜 1 片，苋菜 30 克，高汤适量

做法

1 鲷鱼洗净，和姜片一同放入电锅，外锅加 200 毫升水，蒸至熟软后取出捣碎。

2 苋菜洗净，放入滚水中焯烫 1 分钟，捞起沥干后切碎；山药洗净，去皮后切丁。

3 锅中放入高汤、白米饭、山药与捣碎的鲷鱼，炖煮 8 ~ 10 分钟，最后放入苋菜，用大火煮滚 1 分钟即可。

小叮咛

苋菜具有人体最容易吸收的钙，对宝宝牙齿、骨骼的生长非常有帮助；富有糖类、多种维生素和矿物质，提供丰富营养物质，能提高免疫力。

秀珍菇芦笋粥

鸡汁秀珍菇肉粥

糖类、蛋白质、维生素、矿物质
秀珍菇芦笋粥

材料

白米饭 50 克，秀珍菇 50 克，芦笋 20 克，高汤 200 毫升

做法

1. 秀珍菇洗净，切碎；芦笋洗净，放入滚水中焯烫 1 分钟后捞起。

2. 将秀珍菇与芦笋放入搅拌机中搅碎后，再与白米饭、高汤一同放入锅中，炖煮 5～8 分钟即可。

小叮咛

芦笋可增进食欲、促进宝宝消化道功能，同时拥有高纤维素，具有提高身体免疫力的作用。其促进大脑发育的叶酸含量高，有助于宝宝大脑的发育。

糖类、蛋白质、脂肪、维生素、矿物质
鸡汁秀珍菇肉粥

材料

五谷米 50 克，秀珍菇 50 克，鸡胸肉 30 克，豌豆 10 克，玉米 10 克，高汤 200 毫升

做法

1. 秀珍菇、豌豆、玉米洗净，切碎；鸡胸肉洗净，用滚水汆烫，捞出沥干后切细碎；五谷米洗净，浸泡 3 小时。

2. 锅中放入高汤、五谷米和其他所有食材，一同炖煮 10 分钟即可。

小叮咛

秀珍菇的蛋白质含量比一般香菇、草菇的要高，介于肉类与蔬菜之间，并拥有多种人类无法自行合成的必需氨基酸，还含有多糖体，可增强免疫力。

三色炖鸡肉粥

养生时蔬高汤

糖类、蛋白质、脂肪、维生素、矿物质

三色炖鸡肉粥

材料

白米饭 50 克，青椒 20 克，胡萝卜 10 克，玉米 10 克，鸡肉 50 克，高汤 100 毫升

做法

1 青椒洗净，去籽，切碎；胡萝卜洗净，去皮，切碎；玉米洗净，压碎；鸡肉洗净，切碎，入滚水中煮熟，捞出备用。

2 锅中放入白米饭、高汤以及其他所有食材，一同炖煮至软烂即可。

小叮咛

青椒的维生素 C 特别丰富，可提高宝宝免疫力，促进铁的吸收，预防贫血；其特有的味道能刺激唾液和胃液分泌，能增进食欲、帮助消化、防止便秘。

糖类、蛋白质、脂肪、维生素、矿物质

养生时蔬高汤

材料

玉米 100 克，洋葱 100 克，包菜 5 片，大白菜 3 片，胡萝卜 100 克，西红柿 100 克，鸡骨架 1 副，葱 10 克

做法

1 叶菜类洗净；胡萝卜、洋葱洗净去皮；西红柿、玉米洗净；鸡骨架洗净。

2 锅中加入 1800 毫升水，放入所有食材，炖煮 40 分钟后关火，盖上锅盖，待凉后将所有食材用筛网过滤，便可分装高汤，冷藏或冷冻保存。

小叮咛

葱可以促进消化吸收、健脾开胃及增进食欲，同时能抗菌、抗病毒；其中所含大蒜素，具有明显的抵御细菌、病毒的作用，尤其对痢疾杆菌抑制作用更强。

豌豆三文鱼芝士粥

菜肉胚牙粥

糖类、蛋白质、脂肪、维生素、矿物质

豌豆三文鱼芝士粥

材料

白米饭 50 克，三文鱼 20 克，碗豆 10 克，胡萝卜 10 克，姜 2 片，高汤 100 毫升，芝士适量

做法

1 碗豆洗净，沥干后切碎；胡萝卜洗净，去皮后切丁；三文鱼洗净，和姜片一同放入电锅中，外锅加 200 毫升水，蒸至熟软后，去皮和刺。

2 锅中放入高汤、白米饭及其他所有食材，用中小火炖煮 8 ~ 10 分钟后即可。

小叮咛 ......

三文鱼含有丰富的蛋白质、铁、钙、不饱和脂肪酸、维生素、微量元素以及宝宝成长发育所需的 DHA，还含有与免疫机能有关的酶，营养价值非常高。

糖类、蛋白质、脂肪、维生素、矿物质

菜肉胚牙粥

材料

胚芽饭 50 克，猪绞肉 50 克，小白菜 20 克，豌豆 20 克，高汤 200 毫升

做法

1 豌豆、猪绞肉、小白菜洗净，切细碎，放入滚水中汆烫 3 分钟，捞起沥干，打成泥。

2 锅中放入高汤、胚芽饭和所有打成泥的食材，炖煮 20 分钟即可。

小叮咛 ......

豌豆中的铜有助于增进宝宝的造血机能，帮助骨骼和大脑发育；铬则是有利于糖类和脂肪的代谢。另外，豌豆中所含的维生素 C 更是在所有豆类当中位居首位。

鸡蓉豌豆苗粥

活力红糙米粥

糖类、蛋白质、脂肪、维生素、矿物质

鸡蓉豌豆苗粥

材料

白米饭 50 克，豌豆苗 20 克，鸡胸肉 30 克，甜椒 10 克，高汤 200 毫升

做法

1 甜椒洗净、去籽，切细碎；鸡胸肉洗净，放入滚水中氽烫，捞起后切碎；豌豆苗洗净，放入滚水中焯烫 1 分钟，捞起沥干后切碎。

2 锅中放入高汤、白米饭与其他所有食材，用小火炖煮 10 分钟即可。

小叮咛 ....

豌豆苗具有人体必需氨基酸，以及较多粗纤维，可促进肠胃蠕动、帮助消化，但脾胃虚寒、消化功能不佳或是严重胀气者则不要多吃。

糖类、蛋白质、维生素、矿物质

活力红糙米粥

材料

糙米 10 克，白米 10 克，红凤菜 20 克，胡萝卜 20 克

做法

1 糙米与白米洗净，放入内锅，加 1000 毫升水，再放入电锅中，外锅加 200 毫升水。

2 胡萝卜洗净，切块，一同入电锅蒸至熟软；红凤菜洗净，焯烫后沥干切碎。

3 将所有食材放入搅拌机中打成泥即可。

小叮咛 ....

红凤菜可以搭配姜来中和性质，含有丰富的铁，可改善贫血，还能增强免疫力；所含钾可促进体内的水分代谢；其植物钙质比牛奶的还高。

糖类、蛋白质、脂肪、维生素、矿物质

鸡肉糊

材料

白米糊 60 克，鸡胸肉 10 克

做法

1 鸡胸肉洗净，烫熟后沥干水分。

2 将烫熟的鸡胸肉放入搅拌机中，搅打成泥状。

3 锅中放入白米糊和鸡肉泥，煮滚即可。

小叮咛

鸡肉易消化、好吸收，是低热量食物，不会对小孩的肠胃带来太多的负担，因此适合用来制作辅食。

扫一扫，轻松学

糖类、蛋白质、脂肪、维生素、矿物质

海带芽鸡肉粥

材料

白米饭 30 克，猪瘦绞肉 15 克，泡开的海带芽 5 克

做法

1 将白米饭加适量水，熬煮成稀饭备用。

2 海带芽泡开，取其嫩叶部分切碎。

3 米粥中放入猪瘦绞肉、海带芽，熬煮至粥变得浓稠即可。

小叮咛

为使宝宝方便吞咽，海带芽泡开后，只取其嫩叶使用。

扫一扫，轻松学

糖类、蛋白质、脂肪、维生素、矿物质
鲜鱼萝卜汤

材料

鲜鱼 50 克，白萝卜 10 克，海带高汤适量

做法

1 鱼肉洗净，蒸熟后去鱼刺、鱼皮，压成泥状。

2 白萝卜洗净、去皮，磨成泥。

3 锅中放入海带高汤煮滚，再加入鱼肉、白萝卜泥稍煮片刻即可。

小叮咛 ....

可选择多利鱼来制作，肉质细嫩，无刺、无腥味，烹饪起来非常简单，同时能滋阴养血、补气开胃，老人小孩都可经常食用。

糖类、蛋白质、脂肪、维生素、矿物质
燕麦米粥

材料

白米粥 30 克，燕麦片 15 克，牛奶（配方奶）15 毫升

做法

1 将燕麦片压碎。

2 锅中放入白米粥和适量水，煮滚后加入燕麦片、牛奶一起熬煮，至燕麦片熟软即可。

小叮咛 ....

燕麦富含可溶性纤维，不但好消化、易吸收，更有助于宝宝肠道、消化系统的健康，还可以提高宝宝的免疫力。燕麦容易煮软，烹调时间不用太久。

糖类、蛋白质、脂肪、维生素、矿物质

玉米排骨粥

材料

白米粥 75 克，玉米粒 10 克，猪小排 20 克

做法

1 玉米粒洗净，捣碎；猪小排洗净后汆烫，去骨取肉后切小丁，留汤备用。

2 锅中放入小排汤，煮滚后放入白米粥、玉米粒、小排肉，用小火熬煮至食材软烂即可。

小叮咛 ....

玉米的维生素含量高；所含膳食纤维，可促进肠道蠕动、增强新陈代谢、助消化，防止便秘。玉米还是宝宝智力与脑力发育时的营养来源之一，也可保护眼睛。

糖类、蛋白质、脂肪、维生素、矿物质

虾仁胡萝卜粥

材料

白米粥 75 克，胡萝卜 15 克，洋葱 10 克，虾仁 4 只

做法

1 虾仁洗净、去肠泥，剁碎。

2 胡萝卜、洋葱洗净、去皮，切末。

3 锅中放入适量水和白米粥，煮滚后再加入胡萝卜、洋葱和虾仁，煮熟即可。

小叮咛 ....

虾能增强体力，因此适合给身体虚弱的宝宝食用。市面上贩卖的虾仁都有加工过，以增加口感，因此最好买活虾回家自己处理，安全又卫生。

糖类、蛋白质、维生素、矿物质

红薯板栗粥

材料

白米粥 60 克，红薯 15 克，板栗 2 个，菠菜 10 克，高汤 30 毫升

做法

1 菠菜用开水焯烫后，切成细末。

2 红薯和板栗去皮、蒸熟后，放入研磨器内磨成泥。

3 高汤放入白米粥内一起熬煮，煮滚后将红薯、板栗放入锅中，再放入菠菜一起熬煮即可。

小叮咛

红薯是根茎类蔬菜中纤维质含量最多的，能防止便秘，而且含有对视力好的维生素A，加上有容易吸收的糖类，对宝宝来说是很好的能量来源。

糖类、蛋白质、维生素、矿物质

南瓜包菜粥

材料

白饭 30 克，南瓜 10 克，包菜 10 克

做法

1 白饭加适量水熬煮成米粥。

2 包菜洗净后磨成泥。

3 南瓜去皮、去籽后蒸熟，磨成泥。

4 在煮好的米粥里加入包菜泥和南瓜泥，再熬煮片刻即可完成。

小叮咛

包菜含有丰富的葡萄糖、维生素 A、B 族维生素、维生素 C、维生素 K 及维生素 U，对于肠胃虚弱的宝宝，有调理肠胃的功能。排便不顺畅或容易便秘的宝宝，也可以经常食用之。

糖类、蛋白质、维生素、矿物质

白萝卜菇菇粥

材料

白米粥60克，秀珍菇10克，白萝卜10克，海带高汤适量

做法

1 白萝卜洗净、去皮，磨成泥；秀珍菇洗净，切碎后烫熟。

2 锅中放入白米粥和海带高汤煮滚，再放入秀珍菇、萝卜泥，再次煮滚即可。

小叮咛 ·····················

秀珍菇含有多种人类无法自行合成的必需氨基酸，其中含有多糖体，可增强免疫力。对于脾胃不好的宝宝来说，可选用菇类食材来入菜。

糖类、蛋白质、维生素、矿物质

紫米上海青糊

材料

白米糊30克，紫米糊30克，上海青20克

做法

1 上海青洗净，焯烫后切碎。

2 锅中放入白米糊、紫米糊和适量水，煮滚后加入上海青，煮熟即可。

小叮咛 ·····················

紫米能够调节身体的综合功能，强化免疫力，预防疾病，对改善贫血也有益处，体质比较虚弱的宝宝可以多吃。紫米较不容易消化，一定要煮软后才能给宝宝吃。

part
4

糖类、蛋白质、维生素、矿物质
西蓝花炖苹果

材料

西蓝花 20 克，苹果 25 克，水淀粉 5 毫升

做法

1 苹果洗净后去皮，磨成泥；西蓝花洗净，
烫熟后剁碎。

2 锅中放入苹果和西蓝花煮滚，倒入水淀
粉不停搅拌，直到浓稠即可。

小叮咛 ....

西蓝花热量低、营养高，能促进肝脏解毒、
增强体质以及抗病能力；促进宝宝生长发
育、维持牙齿以及骨骼正常发展、保护视
力并能提高记忆力。

糖类、蛋白质、维生素、矿物质
杏仁豆腐糯米粥

材料

糯米粉 20 克，嫩豆腐 20 克，杏仁粉 30 克

做法

1 糯米粉用筛网过滤，再加适量水拌匀。

2 嫩豆腐洗净后，捣碎。

3 锅中放入嫩豆腐、糯米粉水和适量水，
煮至浓稠后，再加入杏仁粉拌匀即可。

小叮咛 ....

杏仁的味道较浓郁，不是每个宝宝都能接
受，在烹调时不要一次加太多。杏仁粉最
好是买原味的杏仁在家中磨制，才能确保
不会有不必要的添加物。

糖类、蛋白质、维生素、矿物质

土豆苹果甜粥

材料

白米稀粥 60 克，苹果 25 克，土豆 10 克

做法

1 苹果、土豆分别洗净、削皮，切碎，分别浸泡在冷水里备用。

2 加热白米稀粥，再倒入土豆。

3 煮开后改小火，放入苹果，稍加烹煮即完成。

小叮咛 ·····················

土豆营养成分很高，含有丰富的维生素及矿物质；所含钾含量是香蕉的两倍之多；更特别的是，其维生素 C 被淀粉包住不易被高温破坏。

糖类、蛋白质、脂肪、维生素、矿物质

南瓜豆腐泥

材料

南瓜 20 克，嫩豆腐 50 克，鸡蛋 1 个

做法

1 南瓜洗净、去皮，切小丁；嫩豆腐洗净，捣碎；鸡蛋打散，备用。

2 锅内放入适量水、南瓜、豆腐，煮滚后加入蛋液搅拌，再次煮滚即可。

小叮咛 ·····················

南瓜含丰富的维生素 A、维生素 E，可增强免疫力；所含大量的锌是促进生长发育的好帮手；容易消化、吸收，对于骨骼与大脑都有很好的帮助。

糖类、蛋白质、脂肪、维生素、矿物质
菠菜蛋黄糯米糊

材料

泡好的糯米 10 克，菠菜 10 克，熟蛋黄半个

做法

1 菠菜洗净，烫熟后切碎；熟蛋黄磨碎。

2 糯米磨碎后放入锅中，加水熬煮成粥，再放入菠菜和蛋黄，煮滚即可。

小叮咛

菠菜含有丰富的 β–胡萝卜素、维生素 C、维生素 E、钙、磷、铁及大量植物粗纤维，可促进肠胃蠕动、帮助消化，对宝宝视力的发育也有相当大的帮助。

糖类、蛋白质、脂肪、维生素、矿物质
豌豆香蕉布丁

材料

蛋黄 1 个，豌豆 5 个，土豆 20 克，香蕉 10 克，菠菜 10 克，配方奶粉 15 克

做法

1 蛋黄打散，加入奶粉拌匀；剩下的所有食材洗净、去皮、煮熟，切成碎末，加入蛋液中搅拌均匀，倒入碗中。

2 将装有食材的碗放入蒸锅中，蒸 15 分钟即可。

小叮咛

豌豆中的铜有助于增进宝宝的造血机能，帮助骨骼和大脑发育；铬则是有利于糖类和脂肪的代谢，另外豌豆中维生素 C 的含量更是所有豆类食材中最高的。

糖类、蛋白质、维生素、矿物质

包菜素面

材料

包菜叶 30 克，素面 20 克，海带 1 段

做法

1 包菜叶洗净，切碎；海带洗净。

2 锅中加 100 毫升水，放入海带熬煮成海带汤，捞出海带，只取清汤。

3 汤中放入掰成小段的素面煮软，再加入包菜煮熟即可。

小叮咛 ·············

用海带熬煮高汤时，不用熬煮太久，只要煮到汤汁有颜色即可。

扫一扫，轻松学

糖类、蛋白质、脂肪、维生素、矿物质

什锦蔬菜粥

材料

白米粥 60 克，胡萝卜 10 克，红薯 10 克，南瓜 10 克，花生粉 15 克

做法

1 将红薯、胡萝卜和南瓜分别洗净、去皮、切块，蒸熟后磨成泥。

2 锅中放入白米粥和胡萝卜、红薯、南瓜，煮滚后放入花生粉拌匀即可。

小叮咛 ·············

红薯是根茎类蔬菜中纤维质含量最多的，能防止便秘。

扫一扫，轻松学

糖类、蛋白质、脂肪、维生素、矿物质

牛肉糊

材料
泡开的白米 10 克，牛肉 10 克

做法

1 牛肉洗净，取瘦肉捣碎。

2 在锅中放入白米、碎牛肉和适量的水一起翻炒，直至米粒变透明为止。

3 再倒入适量的水，煮滚后改用小火慢炖，煮至熟软即可。

小叮咛 ·····························

牛肉是很好的补铁食材，但肉质较有韧性，宝宝不好消化，因此烹调牛肉给宝宝吃的时候，一定要将牛肉剁得碎一点，或是煮至软烂，以免宝宝消化不良。

糖类、蛋白质、脂肪、维生素、矿物质

吐司玉米汤

材料
吐司 1/2 片，花菜 2 朵，玉米粒 30 克，牛奶 100 毫升

做法

1 吐司去边，切成 1 厘米大小；玉米粒、花菜洗净，煮软后剁碎。

2 锅中放入适量水和牛奶加热，再加入玉米粒、吐司和花菜，煮滚即可。

小叮咛 ·····························

玉米的维生素含量高，所含的膳食纤维可促进肠道蠕动、增强新陈代谢、助消化、防止便秘。玉米还是宝宝智力与脑力发育时的营养来源之一，也可保护眼睛。

糖类、蛋白质、脂肪、维生素、矿物质
苋菜红薯糊

材料
红薯 40 克，红苋菜 10 克，牛奶 90 毫升

做法
1 红薯洗净，蒸熟后去皮，压成泥。

2 红苋菜洗净，切碎。

3 锅中放入红薯泥和牛奶拌匀后，加入红苋菜，煮滚即可。

小叮咛 ....

苋菜具有人体最容易吸收的钙，对宝宝牙齿、骨骼的生长非常有帮助；其含铁量是波菜的一倍，富有糖类、多种维生素和矿物质，能提供丰富的营养。

糖类、蛋白质、维生素、矿物质
豌豆土豆粥

材料
白米粥 60 克，土豆 10 克，豌豆 5 克

做法
1 土豆洗净，蒸熟后去皮、捣成泥。

2 豌豆洗净，煮熟后去皮，捣碎。

3 锅中放入白米粥加热后，加入土豆和豌豆熬煮，待粥变得浓稠即可。

小叮咛 ....

豌豆中的铜有助于增进宝宝的造血机能，帮助骨骼和大脑发育；铬则是有利于糖类和脂肪的代谢。另外，豌豆中维生素 C 的含量更是所有豆类食材中最高的。

糖类、蛋白质、脂肪、维生素、矿物质

洋葱玉米片粥

材料

玉米片 45 克，洋葱 10 克，高汤 60 毫升，配方奶粉 45 克

做法

1 将洋葱洗净、去皮，切碎备用。

2 锅中放入高汤、洋葱末、玉米片、奶粉，用小火熬煮，煮熟即可。

小叮咛 ·············

洋葱的维生素及多酚含量高，并且抗氧化、抗发炎，假使宝宝有气喘，也可以食用它来帮助减轻症状。洋葱还能帮助提高肠胃道的张力，增加消化液分泌。

糖类、蛋白质、维生素、矿物质

红枣糯米糊

材料

白米糊 60 克，糯米糊 15 克，红枣 4 个

做法

1 红枣洗净，煮熟后去皮和籽，磨成泥。

2 锅中放入白米糊、糯米糊加热后，加入红枣泥拌匀，再次煮滚即可。

小叮咛 ·············

宝宝容易过敏，可多吃红枣，但不宜过量。此类食材可提高人体免疫力，增强自身抵抗力，保护宝宝肝脏、补血养气、改善贫血，同时还能增强食欲。

糖类、蛋白质、脂肪、维生素、矿物质

山药虾粥

材料

白米粥 75 克，山药 30 克，虾仁 1 只，葱花少许，海带高汤 60 毫升

做法

1 山药去皮、洗净，切成小块；虾仁去肠泥，洗净后切成小丁。

2 锅中放入白米粥和海带高汤煮滚，再加入其他所有食材，煮熟即可。

小叮咛

山药中含淀粉酶、多酚氧化酶，是健脾益胃的好帮手；含有大量蛋白质和维生素，可增强宝宝体质，提高宝宝的记忆力。

扫一扫，轻松学

糖类、蛋白质、脂肪、维生素、矿物质

包菜鸡汤面

材料

包菜叶 30 克，细面 20 克，鸡胸肉 10 克，高汤适量

做法

1 将包菜叶洗净，切碎；鸡胸肉洗净，切成碎末。

2 锅中放入高汤，煮滚后加入细面、鸡胸肉和包菜叶，煮至熟烂即可。

小叮咛

包菜含有丰富的维生素，可以促进新陈代谢及肠胃的黏膜修复。

扫一扫，轻松学

糖类、蛋白质、脂肪、维生素、矿物质

菠萝苹果布丁

材料

蛋黄1个，苹果25克，菠萝15克，生粉2克，奶粉5克

做法

1 苹果、菠萝分别洗净、去皮，磨成泥。

2 蛋黄打散，加入奶粉、生粉拌匀，再倒入苹果和菠萝搅匀，倒入碗中。

3 将碗放入蒸锅中，蒸15分钟即可。

小叮咛

菠萝具有维生素C、有机酸、苹果酸等营养素，其中蛋白酶可帮助宝宝消化、提高食欲。菠萝皮一定要削干净，否则宝宝吃了容易消化不良。

糖类、蛋白质、脂肪、维生素、矿物质

板栗鸡肉粥

材料

白米粥60克，鸡胸肉10克，板栗2个

做法

1 鸡胸肉洗净，汆烫后剁碎。

2 板栗去皮，煮熟后磨成泥。

3 锅中放入白米粥加热后，加入鸡肉、板栗搅拌均匀即可。

小叮咛

鸡肉易消化、好吸收，是低热量食物，对小孩的肠胃不会造成太多的负担。在蛋白质含量较多的肉类中，鸡肉脂肪最少、清淡柔嫩，因此适合用来制作辅食。

糖类、蛋白质、维生素、矿物质

芋头稀粥

材料
白米粥 60 克，芋头 30 克

做法

1 芋头洗净、去皮后，切小丁，蒸熟。

2 锅中放入白米粥和水，煮滚后再加入芋头丁，一起熬煮至软烂即可。

小叮咛

芋头能增强宝宝免疫力与抵抗力，所含天然的多糖类高分子植物胶体，有很好的止泻作用。给宝宝吃的芋头要炖烂一点，才不容易造成便秘。

糖类、蛋白质、维生素、矿物质

红薯炖水梨

材料
红薯 30 克，水梨 30 克

做法

1 将红薯、水梨洗净后，去皮切小丁。

2 锅中放入红薯丁及水梨丁，加适量水熬煮至软烂即可。

小叮咛

红薯是根茎类蔬菜中纤维质含量最多的，能防止便秘，而且含有对视力好的维生素A，加上有容易吸收的糖类，对宝宝来说是很好的能量来源。

糖类、蛋白质、维生素、矿物质

土豆豆豆粥

材料

白米粥 60 克，土豆 20 克，四季豆 3 个，海带高汤 60 毫升

做法

1 土豆洗净，煮熟后去皮，磨成泥。

2 四季豆洗净，焯烫后磨碎。

3 锅中放入白米粥和海带高汤煮滚，再加入土豆、四季豆，煮熟即可。

小叮咛

四季豆含有膳食纤维，可促进消化、改善胃口并能增强肠胃功能，还可促进骨骼、脑部发育，提高新陈代谢、增强免疫力与抵抗力，以及牙床的健康发育。

糖类、蛋白质、维生素、矿物质

胡萝卜甜粥

材料

白米饭 30 克，苹果泥 15 克，胡萝卜 15 克

做法

1 苹果洗净，磨成泥。

2 胡萝卜洗净、去皮，蒸熟后磨成泥。

3 锅中放入白米饭和水熬煮成粥，再加入苹果、胡萝卜，煮熟即可。

小叮咛

胡萝卜可以提高人体免疫力、改善眼睛疲劳；所含的植物纤维，吸水性强，可增强肠道蠕动；含有丰富维生素 A，能强化宝宝的骨骼发育，有助于细胞增殖与生长。

梨栗南瓜粥

材料

白米粥 60 克，水梨 10 克，板栗 3 个，南瓜 10 克

做法

1. 水梨洗净、去皮，磨成泥；板栗蒸熟后，磨碎；南瓜蒸熟后去皮，磨成泥。
2. 锅中放入白米粥和水煮滚后，放入南瓜、板栗、水梨略煮即可。

小叮咛 ....

水梨水分丰富，虽甜但其热量与脂肪含量都低，对于容易厌食、消化不良、肠炎及罹患慢性咽喉炎的宝宝，用其辅助治疗都很有效果，还能促进血液循环。

糖类、蛋白质、维生素、矿物质

花菜苹果粥

材料

白米粥 60 克，苹果 10 克，花菜 20 克

做法

1. 把花菜放入滚水中焯烫，切去花菜的粗茎，取花蕾部分，捣碎备用。
2. 将碎花菜放入白米粥中，加入苹果泥，用小火煮一会儿即可。

小叮咛 ....

花菜能促进与维持宝宝牙齿及骨骼的正常发育，保护视力与增加记忆力。还含有丰富的 β–胡萝卜素与维生素 C，可说是营养满满的好食材。

糖类、蛋白质、脂肪、维生素、矿物质

红薯鸡肉粥

材料

白米粥 60 克，鸡胸肉 15 克，红薯 20 克，
高汤 60 毫升

做法

1 鸡胸肉洗净，烫熟后磨碎。

2 红薯洗净，去皮，蒸熟后趁热捣碎。

3 锅中放入白米粥和高汤，煮滚后放入鸡
  胸肉、红薯，略煮即可。

小叮咛 ······

鸡肉易消化、好吸收，是低热量食物，对
小孩的肠胃不会造成太多的负担。在蛋白
质含量较多的肉类中，鸡肉脂肪最少，清
淡柔嫩，因此适合用来制作辅食。

糖类、蛋白质、脂肪、维生素、矿物质

菠菜南瓜粥

材料

白米粥 75 克，南瓜 20 克，菠菜 10 克，
蛋黄 1 个，芝麻少许

做法

1 南瓜洗净后，去皮、去籽，切成小丁；
  菠菜洗净，焯烫后剁碎；芝麻磨碎；蛋
  黄打散，备用。

2 锅中放入白米粥和适量水煮滚，加入南
  瓜、菠菜、蛋液，煮熟后撒上芝麻即可。

小叮咛 ······

菠菜含有丰富的 β–胡萝卜素、维生素 C
和维生素 E、钙、磷、铁及大量的植物粗
纤维，可促进肠胃蠕动、帮助消化，对于
宝宝视力的发育也有相当大的帮助。

糖类、蛋白质、脂肪、维生素、矿物质

豆腐茶碗蒸

材料

嫩豆腐 15 克，高汤 15 毫升，蛋黄 1/3 个

做法

1 将豆腐洗净，磨成泥。

2 蛋黄加入高汤拌匀，再加入豆腐搅拌均匀，最后放入蒸锅中蒸熟即可。

小叮咛 ⋯⋯⋯⋯⋯⋯⋯⋯⋯⋯⋯

豆腐含蛋白质、大豆卵磷脂，对于宝宝神经、血管以及大脑的生长发育非常加分，也能防止口腔溃疡，并能补充宝宝在身体虚弱或是食欲不佳时的精力。

糖类、蛋白质、脂肪、维生素、矿物质

鲜鱼肉泥

材料

鲜鱼 1 尾（请选择时令鲜鱼）

做法

1 将鱼洗净，放入滚水中氽烫，剥去鱼皮。

2 另起一锅滚水，放入鱼肉，用大火熬 10 分钟至鱼肉软烂，取出后剔除鱼刺。

3 将鱼肉捣碎成泥状即可。

小叮咛 ⋯⋯⋯⋯⋯⋯⋯⋯⋯⋯⋯

可选用无刺虱目鱼肚，又称"牛奶鱼"，肉质鲜甜、富含蛋白质。

扫一扫，轻松学

糖类、蛋白质、脂肪、维生素、矿物质

丁香鱼菠菜粥

材料

白米粥 60 克，丁香鱼 20 克，菠菜 10 克，海带高汤适量

做法

1 菠菜洗净，焯烫后切碎。

2 丁香鱼用滚水冲去盐分后切碎。

3 锅中放入白米粥和海带高汤煮滚，再放入丁香鱼、菠菜煮至软烂即可。

小叮咛

菠菜含有丰富的 β - 胡萝卜素、维生素 C 和维生素 E、钙、磷、铁及大量的植物粗纤维，可促进肠胃蠕动，帮助消化，对于宝宝视力的发育也有相当大的帮助。

糖类、蛋白质、脂肪、维生素、矿物质

鲷鱼豆腐粥

材料

白米糊 60 克，鲷鱼 10 克，嫩豆腐 10 克，包菜 10 克

做法

1 包菜洗净，焯烫后切碎；豆腐洗净后捣碎；鲷鱼洗净，汆烫后去刺捣碎。

2 锅中放入白米糊和水煮滚，再放入包菜、豆腐、鲷鱼煮至软烂即可。

小叮咛

鲷鱼富含 DHA、EPA，是脑部发育时不可或缺的低脂高蛋白的好食材；还含有维生素、矿物质，其中氨基酸能提高吸收消化率，宝宝肠胃较弱也适合食用。

糖类、蛋白质、脂肪、维生素、矿物质

酪梨土豆米糊

材料

白米糊 60 克，酪梨 10 克，土豆 10 克

做法

1 土豆洗净、去皮后，蒸熟后捣成泥。

2 酪梨洗净，去皮、去核，磨成泥。

3 锅中放入白米糊和水，煮滚后加入土豆和酪梨，搅拌均匀即可。

小叮咛

酪梨含多种维生素、脂肪酸和蛋白质，营养价值可与奶油媲美，故拥有"森林奶油"的美誉，其中包含大量维生素与膳食纤维，对美容保健也很有功效。

糖类、蛋白质、脂肪、维生素、矿物质

酪梨紫米糊

材料

白米糊 30 克，紫米糊 30 克，酪梨 25 克

做法

1 酪梨洗净，去皮、去果核，磨成泥。

2 锅中放入白米糊、紫米糊和水，煮滚后加入酪梨，搅拌均匀即可。

小叮咛

紫米能够调节身体的综合功能，强化免疫力，预防疾病，对贫血也有益处，体质比较虚弱的宝宝可以多吃。紫米较不容易消化，一定要煮软后才能给宝宝吃。

糖类、蛋白质、脂肪、维生素、矿物质
南瓜鸡肉粥

材料
白米粥 60 克，鸡胸肉 20 克，南瓜 20 克，
高汤适量

做法
1 鸡胸肉洗净、烫熟后剁碎；南瓜洗净、
去皮，蒸熟后切碎。
2 锅中放入白米粥和高汤煮滚后，放入南
瓜、鸡胸肉煮至浓稠即可。

小叮咛
鸡肉易消化、好吸收，是低热量食物，对
小孩的肠胃不会造成太多的负担。在蛋白
质含量较多的肉类中，鸡肉脂肪最少，清
淡柔嫩，因此适合用来制作辅食。

扫一扫，轻松学

糖类、蛋白质、脂肪、维生素、矿物质
菠菜优酪乳

材料
菠菜 2 ~ 3 片，原味优酪乳 100 毫升

做法
1 菠菜取其嫩叶部分，洗净后用开水烫
熟，挤干水分，再切成末。
2 将原味优酪乳和菠菜末搅拌均匀即可。

小叮咛
菠菜营养价值高，含有多种维生素和铁、
钾、钙等营养素，很适合宝宝食用。

扫一扫，轻松学

糖类、蛋白质、脂肪、维生素、矿物质

奶香芋头泥

材料

芋头 25 克，牛奶（配方奶）15 毫升

做法

1 芋头去皮、洗净后，切成块状并蒸熟，压成泥状。

2 芋头泥中加入牛奶，搅拌均匀即可。

小叮咛 ....

芋头能增强宝宝免疫力与抵抗力，其中矿物质氟的含量较高，具有保护牙齿作用；所含天然的多糖类高分子植物胶体，有很好的止泻作用。

糖类、蛋白质、脂肪、维生素、矿物质

牛奶木瓜泥

材料

木瓜 50 克，牛奶（配方奶）15 毫升

做法

1 将木瓜洗净，去籽、去皮后，切成小丁，放入碗内，用汤匙压成泥状。

2 加入牛奶搅拌均匀即可。

小叮咛 ....

木瓜含有大量水分、糖类、蛋白质、脂肪、多种维生素及多种人体必需氨基酸，可增强抗体。脾胃虚、过敏体质者以及月龄较小的宝宝则不宜多食。

糖类、蛋白质、维生素、矿物质

豆腐四季豆粥

材料

白米饭 30 克，四季豆 5 克，洋葱 5 克，
豆腐 20 克

做法

1 豆腐洗净，沥干水分后磨碎。

2 四季豆洗净，烫熟后切小丁；洋葱洗净、
去皮，切碎。

3 锅中放入白米饭和水熬煮成粥，再放进
豆腐、四季豆和洋葱，煮熟即可。

小叮咛 ⋯⋯⋯⋯⋯⋯⋯⋯⋯⋯⋯

四季豆含膳食纤维，可促进消化、改善胃
口并能增强肠胃功能，还可促进骨骼、脑
部发育，提高新陈代谢、增强免疫力与抵
抗力，以及牙床的健康发育。

糖类、蛋白质、脂肪、维生素、矿物质

白菜鸡肉米糊

材料

白米饭 30 克，鸡胸肉 20 克，大白菜 20 克，
高汤适量

做法

1 鸡胸肉煮熟，切小丁。

2 大白菜洗净、焯烫后，切碎备用。

3 将白米饭放入高汤中熬煮成粥，之后放
进大白菜，再煮一会儿，最后放入鸡胸
肉搅拌均匀即可。

小叮咛 ⋯⋯⋯⋯⋯⋯⋯⋯⋯⋯⋯

宝宝吃大白菜可增强抵抗力，缓解发炎症
状，同时也是宝宝肠道健康、视力发育的
好帮手；其中所含的"锌"可提高宝宝免
疫力、促进大脑发育。

119

糖类、蛋白质、维生素、矿物质
红苹萝卜粥

材料
白米饭30克，苹果15克，胡萝卜15克

做法

1 苹果洗净，去皮后磨成泥；胡萝卜洗净、去皮，蒸熟后磨成泥。

2 锅中放入白米饭和适量水，熬煮成粥。

3 在煮好的粥里放入胡萝卜泥和苹果泥，搅拌均匀即可。

小叮咛 ·············

苹果具有生津、润肺、健脾、益胃、养心等功效；所含果胶能保护肠壁、吸附水分、帮助排泄物成形，进而改善腹泻。

糖类、蛋白质、维生素、矿物质
豆腐萝卜泥

材料
豆腐20克，胡萝卜15克，海带高汤70毫升

做法

1 豆腐洗净，烫熟后沥干、压碎备用。

2 胡萝卜洗净、去皮，切薄片，煮熟后再捣碎。

3 锅中放入海带高汤，再放进胡萝卜和豆腐泥，煮至软烂即可。

小叮咛 ·············

胡萝卜富含果胶，可使大便成形，并能吸附肠道内的细菌和毒素；所含的β-胡萝卜素、核酸等可保护肠黏膜，增加肠道内益菌数量，降低腹泻几率。

糖类、蛋白质、脂肪、维生素、矿物质

西红柿牛肉粥

材料

白米粥 60 克，牛肉 20 克，西红柿 50 克，
土豆 50 克，高汤适量

做法

1 牛肉洗净，剁成末；土豆蒸熟后去皮，
磨成泥；西红柿用开水焯烫后，去皮去
籽，再剁碎。

2 白米粥和高汤放入锅中，加入牛肉、西
红柿、土豆熬煮，煮滚即可。

小叮咛 ▶

牛肉含有丰富的脂肪、蛋白质和铁等，挑
选牛肉时，注意其新鲜度以及脂肪量不要
太多即可。牛肉可以补充气血，让宝宝更
有活力。

糖类、蛋白质、脂肪、维生素、矿物质

薏仁鳕鱼粥

材料

白米粥 60 克，鳕鱼 15 克，南瓜 10 克，
薏仁 15 克

做法

1 薏仁洗净后放入搅拌机中打成粉状，也
可使用现成的薏仁粉。

2 鳕鱼和南瓜处理好后剁碎，和白米粥一
起放入锅中煮滚，最后加入薏仁粉，搅
拌均匀即可。

小叮咛 ▶

鳕鱼是深海鱼类，富含 DHA，有助于宝宝
的智能发育，味道清淡，适合宝宝食用。
也可以和土豆、胡萝卜一起炖煮，能补充
冬天易缺乏的维生素。

part **5**

咀嚼期营养食谱
76道

10～12个月的宝宝，大多已长出牙齿，开始会利用牙龈和牙齿来咀嚼食物，因此比较喜欢吃有口感的辅食。妈妈可以将辅食切成小丁状，或让宝宝吃一些可以拿在手中啃食的水果片、米饼等。

糖类、蛋白质、维生素、矿物质　　糖类、蛋白质、脂肪、维生素、矿物质

莲藕芋头糕+香苹葡萄布丁

莲藕芋头糕

香苹葡萄布丁

材料

莲藕 50 克，芋头 100 克，粳米 150 克

做法

1 粳米洗净泡水，放入冰箱冷藏一晚；芋头与莲藕洗净，去皮刨丝，放入电锅中，外锅加 200 毫升水，蒸至熟软。

2 将粳米放入搅拌机内，再放入水打成米浆后，用筛网过滤取汁。

3 将芋头丝与莲藕丝加入粳米浆中，以小火炖煮，轻轻搅拌以免烧焦，约煮 5 分钟后再放入电锅内，外锅加适量的水，蒸至熟软即可。

材料

苹果 1 个，吐司 2 片，蛋黄 1 个，葡萄适量

做法

1 葡萄洗净；苹果洗净去皮，切丁；吐司去边切丁。

2 将葡萄和苹果一同放入搅拌机中搅打拌匀，并过筛取其汁备用。

3 将吐司与蛋黄放入锅中搅拌均匀，再放入电锅中，外锅加 200 毫升水，蒸至熟软后，再淋上果汁即可。

小叮咛

葡萄酸甜，能开胃，有助消化，若是宝宝消化能力较弱，可以多吃些葡萄。

糖类、蛋白质、维生素、矿物质　　糖类、蛋白质、脂肪、维生素、矿物质

素三鲜粥 + 虱目鱼肚蔬菜粥

材料

白米饭 50 克，胡萝卜 20 克，
鲜香菇 10 克，金针菇 10 克，
秀珍菇 10 克，小黄瓜 20 克，
高汤适量，盐少许

做法

1 胡萝卜洗净去皮，切细丁；
所有菇类洗净后切碎；小黄
瓜洗净切细丁。

2 锅中放入高汤、白米饭和所
有食材，炖煮 20 分钟后，
放入盐调味即可。

小叮咛 ·····················

香菇高蛋白、低脂肪，是宝宝
感冒时抵抗疾病的最佳食材，
还能促进骨骼发育。

材料

白米饭 50 克，无刺虱目鱼肚
30 克，包菜 20 克，胡萝卜 10
克，洋葱 10 克，西蓝花 10 克，
高汤适量，姜 5 克

做法

1 无刺虱目鱼肚洗净；胡萝卜、
洋葱、姜洗净，去皮切丁；
包菜、西蓝花洗净。

2 锅中放入白米饭、高汤和所
有食材，一同放入电锅中，
外锅加 200 毫升水，蒸至熟
软后，放入搅拌机均匀打成
泥即可。

小叮咛 ·····················

虱目鱼肚肉质鲜嫩，富含高蛋
白、维生素，且低脂肪、低胆
固醇，适合宝宝食用。

素三鲜粥

虱目鱼肚蔬菜粥

125

芋头香菇芹菜粥

糖类、蛋白质、脂肪、维生素、矿物质

莲藕玉米小排粥

材料

胚芽米50克，莲藕150克，玉米50克，枸杞5克，木耳30克，猪小排200克，高汤适量，姜片少许

做法

1 胚芽米洗净，泡水浸软；莲藕洗净，去皮切丁；玉米洗净，煮熟后切成玉米碎粒；木耳洗净，切细碎；枸杞洗净，用水泡开后，沥干切碎；猪小排余烫后捞起洗净。

2 将所有材料放入锅中，加入适量高汤炖煮至熟软，拿出姜片，其余食材放入搅拌机中打成泥即可。

小叮咛

莲藕含有黏液蛋白和膳食纤维，能增进食欲、促进消化、开胃。

糖类、蛋白质、脂肪、维生素、矿物质

芋头香菇芹菜粥

材料

白米饭50克，芋头50克，胡萝卜15克，鲜香菇10克，芹菜10克，肉丝20克，高汤适量，食用油适量

做法

1 芋头、胡萝卜洗净，去皮切小丁；香菇洗净，去蒂切小丁；芹菜洗净，保留叶子部分，切碎；肉丝洗净，沥干切碎。

2 锅内放油烧热，加入香菇、胡萝卜与肉丝略炒至变色后，再放入芋头、白米饭、芹菜与高汤一起炖煮15～20分钟，煮至芋头熟软即可。

小叮咛

芹菜含蛋白质、粗纤维、钙、磷、铁等多种营养物质，能增进食欲，帮助消化。

芝麻叶鸡蓉粥

金针菇炒蛋

糖类、蛋白质、脂肪、维生素、矿物质

芝麻叶鸡蓉粥

材料

白米饭 50 克，鸡胸肉 20 克，芝麻叶 30 克，
金针菇 30 克，高汤适量，枸杞少许

做法

1 枸杞洗净后用温水泡开；芝麻叶洗净，
放入滚水中汆烫 1 分钟后，捞起切碎；
鸡胸肉放入滚水中汆烫去血水，捞起后
切碎；金针菇洗净，去根部，切碎。

2 锅中放入高汤、白米饭与所有食材，一
同炖煮 10 ～ 15 分钟后即可。

小叮咛

芝麻叶含水溶性钙、铁、锌、锰、叶酸与
多种维生素等营养成分，有润滑肠道、促
进蠕动、改善便秘的作用。

蛋白质、脂肪、维生素、矿物质

金针菇炒蛋

材料

金针菇 50 克，鸡蛋 1 个，食用油适量

做法

1 金针菇洗净，去根部，切碎。

2 将鸡蛋打散，放入金针菇一同搅拌。

3 锅中放少许油，倒入金针菇蛋液，两面
煎熟即可。

小叮咛

金针菇中氨基酸、锌含量非常高，能促进
宝宝智力发育，具有加速新陈代谢和增强
机体免疫力的作用。

127

糖类、蛋白质、维生素、矿物质

南瓜椰菜野菇粥

白米饭 50 克，南瓜 20 克，蘑菇 5 克，西
蓝花 10 克，葱花少许，高汤适量

做法

1 南瓜洗净切块，去籽，放入电锅内，外
锅加 200 毫升水，蒸至熟软后磨成泥。

2 西蓝花、葱花、蘑菇洗净切碎。

3 锅中放入所有食材、白米饭以及适量高
汤，炖煮 10 分钟后，撒上葱花略煮一
会儿即可。

小叮咛

南瓜容易消化、吸收，其丰富的维生素 A、
维生素 E 可改善与增强免疫力，还含有大
量的锌是促进生长发育的好帮手，对于骨
骼与大脑都有很好的帮助。

糖类、蛋白质、脂肪、维生素、矿物质

田园红薯鸡肉粥

材料

白米饭 50 克，红薯 20 克，胡萝卜 15 克，
鸡肉 20 克，菠菜 10 克，高汤适量

做法

1 红薯、胡萝卜洗净去皮切块，放入电锅
内蒸至熟软后打成泥。

2 鸡肉洗净，放入滚水中汆烫至熟，切碎；
菠菜洗净，放入滚水中汆烫 1 分钟后，
捞起切碎。

3 锅中放入所有食材、白米饭与高汤，炖
煮约 15 分钟后即可。

小叮咛

红薯富含糖类与大量膳食纤维，可谓"通
便好助手"。此外，红薯还可以促进人体
免疫力。

糖类、蛋白质、维生素、矿物质
蔬果五鲜汁

part **5**

材料

莲藕 10 克，马蹄 10 克，梨 10 克，苹果 10 克，西瓜 10 克

做法

1 将西瓜洗净取出籽；马蹄、莲藕去皮洗净；苹果、梨去皮和核。

2 将所有食材放入搅拌机中，搅打均匀，再用滤网过滤杂质，取其汁，加入适量开水稀释即可饮用。

小叮咛

马蹄能促进人体生长发育和维持生理功能，有益牙齿、骨骼的发育，同时还可促进体内的糖类、脂肪、蛋白质的代谢，调节酸碱平衡。

糖类、蛋白质、脂肪、维生素、矿物质
水梨红苹莲藕汁

材料

梨 50 克，苹果 50 克，莲藕 30 克

做法

1 梨、苹果洗净，去皮和核，切块；莲藕洗净，去皮切块。

2 将所有食材放入电锅中，加入适量水后，外锅加 200 毫升水，蒸至熟软。

3 用筛网过滤掉食材与杂质，取其汁，待温凉后即可饮用。

小叮咛

莲藕含有黏液蛋白和膳食纤维，能增进食欲、促进消化、开胃。莲藕还含有铁、钙等微量元素，植物性蛋白、维生素，能帮助宝宝补益气血、提高免疫力。

糖类、蛋白质、维生素、矿物质
包菜通心面汤

材料
通心面 20 克，包菜叶 3 片，洋葱 20 克，胡萝卜 20 克，南瓜 20 克，高汤适量

做法
1 锅中加水煮开，放入通心面煮熟后捞出，沥干水分备用。
2 将包菜洗净切碎，洋葱、胡萝卜、南瓜洗净去皮，切成小丁。
3 锅中加入高汤，放入蔬菜丁煮熟后，倒入通心面，再煮开一次即可。

小叮咛
包菜中的纤维含量丰富却粗糙，所以消化功能不佳、脾胃虚寒及腹泻的宝宝最好少吃。

扫一扫，轻松学

糖类、蛋白质、脂肪、维生素、矿物质
萝卜肉粥

材料
白米粥 75 克，胡萝卜 10 克，牛肉片 20 克，南瓜 20 克，食用油适量

做法
1 胡萝卜、南瓜各洗净、去皮和籽，蒸熟后磨成泥；牛肉片洗净，切小丁。
2 锅中放少许油烧热，放入牛肉丁炒熟，再加入胡萝卜和南瓜略炒一下，最后加入白米粥，以小火煮开即可。

小叮咛
牛肉含脂肪、蛋白质和铁等，挑选牛肉时，注意新鲜度以及脂肪量不要太多即可。

扫一扫，轻松学

糖类、蛋白质、脂肪、维生素、矿物质

虾仁包菜饭

材料

白米饭 50 克，虾仁 5 只，包菜叶 3 片，高汤适量，黑芝麻少许

做法

1 虾仁洗净剁碎；包菜洗净切碎。

2 锅中放入白米饭和高汤，熬煮成软饭，再加入包菜和虾仁煮熟后，盛出撒上黑芝麻即可。

小叮咛

常食虾仁能增强体力，因此适合给身体虚弱的宝宝食用。

扫一扫，轻松学

糖类、维生素、矿物质

甜椒蔬菜饭

材料

白米饭 20 克，包菜 10 克，甜椒 5 克

做法

1 将包菜和甜椒洗净切碎。

2 锅中放入白米饭、包菜和水一同熬煮，煮开后，转小火炖煮。

3 煮至水分快收干时，放入甜椒，稍煮片刻，再盖上锅盖焖一下即可。

小叮咛

甜椒含有丰富的维生素 C，具有促进新陈代谢的作用。

扫一扫，轻松学

什锦面线汤

材料

菠菜 30 克，鸡胸肉 15 克，面线 30 克，海带高汤适量

做法

1. 鸡胸肉洗净，汆烫后切成小丁；菠菜洗净，汆烫后沥干水分，切碎。
2. 锅中放入高汤煮开后，加入面线煮软，再放入鸡胸肉和菠菜，拌匀即可。

小叮咛

用海带熬煮的高汤，味道清淡好入口，很适合用来制作宝宝的辅食。用海带熬煮高汤时，不用熬煮太久，只要煮到汤汁有颜色即可。

扫一扫，轻松学

土豆芝士糊

材料

土豆 80 克，芝士 1/2 片，胡萝卜 5 克，丝瓜 15 克

做法

1. 土豆洗净去皮，蒸熟后捣成泥状。
2. 将胡萝卜、丝瓜洗净去皮，切小丁。
3. 锅中加水煮开，放入胡萝卜和丝瓜煮至熟软，再加入土豆和芝士拌匀即可。

小叮咛

给宝宝食用的芝士，要特别挑选钠含量较低的芝士，且最好选用原味的芝士。

扫一扫，轻松学

糖类、蛋白质、维生素、矿物质

小白菜粥

材料

白米饭30克，小白菜20克，玉米粒20克，白萝卜10克，高汤适量

做法

1 小白菜、玉米粒洗净后，切碎；白萝卜洗净去皮，切碎。

2 锅中放入白米饭和高汤煮开后，再放入所有切碎的食材，煮至食材熟软即可。

小叮咛

小白菜是蔬菜中矿物质和维生素含量最丰富的菜，其所含的钙、维生素C、β–胡萝卜素都比大白菜高，宝宝常食可增强抵抗力，对宝宝眼睛的视力发育也很好。

糖类、蛋白质、脂肪、维生素、矿物质

鸡肉炒饭

材料

白米饭30克，鸡胸肉20克，洋葱5克，胡萝卜5克，鲜香菇5克，食用油适量

做法

1 所有食材洗净，分别处理后切碎。

2 锅中放少许油烧热，加入鸡肉、洋葱、胡萝卜和香菇一起拌炒。

3 炒熟后，加入白米饭，炒匀即可。

小叮咛

鸡肉易消化，好吸收，是低热量食物，给宝宝的肠胃带来极少的负担，且鸡肉脂肪少、清淡柔嫩，因此适合用来制作辅食。

糖类、蛋白质、脂肪、维生素、矿物质
鸡肉包菜

材料
鸡胸肉50克，包菜30克，胡萝卜10克，豌豆5个，水淀粉15毫升，高汤90毫升，食用油适量

做法
1 所有食材洗净，分别处理后切碎。
2 锅中放少许油烧热，放进包菜和胡萝卜炒软，再倒入高汤熬煮，然后放入鸡肉和豌豆煮至熟软，最后放水淀粉勾芡即可。

> **小叮咛** ....
> 包菜还有丰富的维生素A、B族维生素、维生素C、维生素K，对于肠胃虚弱的宝宝，有调整肠胃的功能。排便不顺畅或容易便秘的宝宝，也可以经常食用。

糖类、蛋白质、脂肪、维生素、矿物质
豆腐蛋黄泥

材料
豆腐100克，鸡蛋1个，葱末适量

做法
1 豆腐洗净，放入开水中氽烫后，压成泥；鸡蛋煮熟后取出蛋黄，磨成泥。
2 将豆腐泥和蛋黄泥混合均匀，加入适量葱末搅拌均匀即可。

> **小叮咛** ....
> 豆腐含蛋白质、大豆卵磷脂，对于宝宝神经、血管以及大脑的生长发育非常有益，也能防止口腔溃疡，并能补充宝宝在身体虚弱或是食欲不佳时的精力。

糖类、蛋白质、脂肪、维生素、矿物质

豆腐蔬菜堡

材料

汉堡包 1 个，豆腐 60 克，牛肉 30 克，胡萝卜 20 克，洋葱 20 克，西红柿片 10 克，食用油适量

做法

1 西红柿洗净，切圆片状；汉堡包对切。

2 剩下的食材洗净，分别处理后切碎，混合均匀，捏成圆形肉饼。

3 锅中放少许油烧热，煎熟肉饼。

4 汉堡包中间夹入肉饼及西红柿片即可。

小叮咛

牛肉是很好的补铁食材，但肉质较有韧性，宝宝不好消化，因此烹调牛肉给宝宝吃的时候，一定要将牛肉剁得碎一点，或是煮至软烂，以免宝宝消化不良。

糖类、蛋白质、脂肪、维生素、矿物质

南瓜味噌汤

材料

南瓜 30 克，豆腐 30 克，葱花 3 克，味噌 3 克，高汤 250 毫升

做法

1 南瓜洗净，去皮和籽，切成 1 厘米大小；豆腐洗净，切成 7 毫米大小。

2 锅中放入高汤和味噌煮开后，放入南瓜，煮至熟软，再加入豆腐和葱花煮开即可。

小叮咛

南瓜容易消化、吸收，其含有丰富的维生素 A、维生素 E，可改善与增强免疫力，且含有大量的锌，是促进生长发育的好帮手，对于骨骼与大脑发育都有很好的帮助。

糖类、蛋白质、维生素、矿物质

香菇稀饭

材料

白米饭 40 克，鲜香菇 10 克，金针菇 10 克，胡萝卜 10 克，绿豆芽 10 克，高汤 90 毫升

做法

1 香菇、金针菇洗净后，去根部，切成 5 毫米大小；绿豆芽洗净，去头尾后切小段，胡萝卜洗净去皮，切小丁。

2 锅中放入白米饭和高汤煮开后，加入所有食材煮至熟软即可。

小叮咛 ··········

香菇是宝宝感冒时抵抗疾病的最佳食材，其含有丰富的维生素 D、钙、铁与锌等，都能促进骨骼发育。

糖类、蛋白质、脂肪、维生素、矿物质

南瓜煎果饼

材料

白米饭 40 克，南瓜 30 克，磨碎的黑芝麻 15 克，核桃 15 克，杏仁 15 克，面粉 30 克，鸡蛋 20 克

做法

1 南瓜蒸熟后切成 1 厘米大小；鸡蛋打散。

2 白米饭中加入南瓜、黑芝麻、核桃、杏仁混合均匀，压成星星形状，外层先裹上蛋液，再裹上面粉，煎熟即可。

小叮咛 ··········

核桃含有 B 族维生素、维生素 E，能促进血液循环，不仅能给皮肤和头发提供养分，还能清醒头脑，促进大脑活动，可以帮助宝宝增长智力。

糖类、蛋白质、脂肪、维生素、矿物质

松茸鸡汤饭

材料

白米饭 20 克，鸡肉 15 克，松茸 15 克，高汤 120 毫升

做法

1 鸡肉和松茸洗净，烫熟后切成丁。

2 锅中放入白米饭和高汤熬煮成粥，再加入鸡肉和松茸，煮至熟软即可。

小叮咛

鸡肉易消化，好吸收，且脂肪含量少、清淡柔嫩，对肠胃的负担较小，因此适合用来制作辅食。

糖类、蛋白质、脂肪、维生素、矿物质

排骨炖油麦菜

材料

排骨 50 克，油麦菜 30 克，葱 5 克，盐适量

做法

1 葱洗净，一半切成葱段，一半切成葱丝；油麦菜洗净，去皮切块。

2 排骨洗净，剁成小块，与葱段一起放入水中炖汤，待排骨煮软，再加入油麦菜煮至熟软即可。

3 最后加入少许盐调味即可。

小叮咛

排骨可以为宝宝补充优质蛋白质和钙、磷等矿物质；葱所含大蒜素，具有明显的抵御细菌、病毒的作用，尤其对痢疾杆菌和皮肤真菌抑制作用更强。

糖类、蛋白质、脂肪、维生素、矿物质
牛肉松子粥

材料
泡好的白米15克，牛肉20克，南瓜15克，胡萝卜10克，松子粉5克，食用油适量

做法
1 所有食材洗净，分别处理后切碎。
2 锅中放入少许油烧热，再加入南瓜和胡萝卜炒软后，放入白米及高汤熬煮成粥，最后加入牛肉煮熟，并撒上松子粉即可。

小叮咛 ·······

牛肉是很好的补铁食材，但肉质较有韧性，宝宝不好消化，因此烹调牛肉给宝宝吃的时候，一定要将牛肉剁得碎一点，或是煮至熟软，以免宝宝消化不良。

糖类、蛋白质、维生素、矿物质
酱卷三明治

材料
吐司2片，胡萝卜1个，柳丁汁90毫升，柠檬汁2毫升

做法
1 胡萝卜洗净去皮，蒸熟后磨成泥。
2 将胡萝卜泥、柳丁汁、柠檬汁混合均匀后，用小火煮成胡萝卜酱。
3 吐司去边，涂上胡萝卜酱，卷起来后切成小段即可。

小叮咛 ·······

柳丁汁多肉甜，其中所含膳食纤维可帮助排便，维生素A、B族维生素、维生素C、磷以及苹果酸可增强免疫功能。

糖类、蛋白质、脂肪、维生素、矿物质

火腿莲藕粥

材料
白米粥 50 克，莲藕 20 克，火腿 20 克，
高汤 50 毫升

做法
1 莲藕洗净去皮，切碎；火腿洗净切丁，
烫熟。
2 锅中放入白米粥、高汤、莲藕和火腿，
用大火煮开，再转中火续煮至食材熟软
即可。

小叮咛 ·······················
莲藕含有黏液蛋白和膳食纤维，能增进食
欲、促进消化、开胃等，且含有铁、钙等
微量元素，能帮助宝宝提高免疫力。

糖类、蛋白质、脂肪、维生素、矿物质

豆腐牛肉饭

材料
白米饭 20 克，豆腐 20 克，牛肉末 15 克

做法
1 豆腐洗净，切成 5 毫米大小。
2 锅中加水煮开，放入白米饭、牛肉末，
煮至熟软，再加入豆腐，略煮片刻即可。

小叮咛 ·······················
牛肉含有丰富的脂肪、蛋白质和铁，可以
补充气血，让宝宝更有活力。挑选牛肉时，
注意新鲜度以及脂肪量不要太多即可。

糖类、蛋白质、脂肪、维生素、矿物质
莲藕鳕鱼粥

材料

白米粥 60 克，鳕鱼肉 15 克，莲藕 15 克

做法

1 鳕鱼洗净，蒸熟后去刺和皮，将鱼肉捣碎；莲藕洗净去皮，剁碎。

2 锅中放入白米粥和水煮开后，加入鳕鱼肉、莲藕搅拌均匀即可。

小叮咛 ·······································

鳕鱼是深海鱼类，富含 DHA，有助于宝宝智力发育，且味道清淡，适合宝宝食用。也可以和土豆、胡萝卜一起炖煮，能补充冬天易缺乏的维生素。

糖类、蛋白质、维生素、矿物质
秋葵香菇粥

材料

白米饭 20 克，鲜香菇 1 朵，秋葵 1 支

做法

1 秋葵洗净，去两头，切碎；香菇去蒂后洗净，切碎。

2 锅中放入白米饭和适量水煮开后，加入秋葵和香菇，煮至熟软即可。

小叮咛 ·······································

秋葵草酸含量低，对于钙的吸收利用率较高，还能预防贫血、有益视网膜健康、维护视力，其中的果胶具有保护皮肤、增加皮肤弹性的效果。

糖类、蛋白质、脂肪、维生素、矿物质

牛肉豌豆粥

材料

白米饭60克，牛肉30克，豌豆20个，高汤100毫升

做法

1 豌豆洗净，烫熟后去皮磨碎。

2 锅中放入白米饭和高汤，熬煮成粥，再加入牛肉煮至颜色变白，最后放入豌豆碎末搅拌均匀即可。

小叮咛

豌豆中的铜有助于增进宝宝的造血机能，帮助骨骼和大脑发育；铬则是有利于糖和脂肪的代谢，另外豌豆中所含的维生素C更是所有豆类当中的榜首。

糖类、蛋白质、脂肪、维生素、矿物质

紫茄芝士泥

材料

土豆80克，芝士1/2片，胡萝卜5克，茄子15克

做法

1 土豆洗净去皮，蒸熟后压成泥；胡萝卜洗净去皮，切小丁后烫熟；茄子洗净，切小丁后烫熟；芝士切小丁。

2 将所有食材拌匀即可。

小叮咛

茄子含有蛋白质、脂肪、碳水化合物、维生素以及钙、磷等微量元素，能保护心血管。秋后茄子偏苦，脾胃虚寒、气喘者不宜多吃。

糖类、蛋白质、脂肪、维生素、矿物质

海带鸡肉粥

材料
白米粥 60 克，鸡胸肉 20 克，海带适量

做法
1 海带用水泡开后，洗净、切碎。
2 鸡胸肉洗净，煮熟后剁碎。
3 锅中放入白米粥和水煮开后，加入海带、鸡胸肉，用小火煮至熟软即可。

小叮咛 ························

海带中丰富的碘是预防甲状腺疾病的最佳食材，也能提升免疫力。其中丰富的钙质，在宝宝成长过程中，能促进骨骼发育，是不可或缺的好食材。

糖类、蛋白质、脂肪、维生素、矿物质

鲷鱼白菜粥

材料
白米饭 50 克，鲷鱼 20 克，白菜心 15 克，胡萝卜 10 克，洋葱 10 克，海带高汤、食用油各适量

做法
1 所有食材洗净，分别处理后切碎。
2 锅中放少许油烧热，加入白菜心、胡萝卜、洋葱炒软，再放入白米饭、海带高汤煮开，最后放入鲷鱼，搅拌均匀即可。

小叮咛 ························

鲷鱼富含 DHA、EPA 以及维生素、矿物质，能提高消化吸收率，比较适合肠胃功能较弱的宝宝食用，更是宝宝脑部发育时不可或缺的好食材。

糖类、蛋白质、脂肪、维生素、矿物质

西蓝花炖饭

材料

白米饭 50 克，西蓝花 15 克，牛奶（配方奶）70 毫升

做法

1 西蓝花洗净，煮熟后切丁。

2 锅中放入白米饭和牛奶，熬煮至米粒吸饱奶汁，牛奶略为收干后，再加入西蓝花拌匀即可。

小叮咛

西蓝花热量低、营养高，能促进肝脏解毒、增强体质以及抗病能力，促进宝宝生长发育、维持牙齿以及骨骼正常发育、保护视力并能提高记忆力。

糖类、蛋白质、脂肪、维生素、矿物质

豌豆蘑菇粥

材料

白米粥 50 克，豌豆 10 个，蘑菇 10 克，芝士 1/2 片

做法

1 豌豆洗净，煮熟后去皮磨碎；蘑菇洗净、剁碎。

2 锅中放入白米粥煮开后，加入豌豆和蘑菇煮至熟软，最后再放入芝士搅拌均匀即可。

小叮咛

蘑菇富含大量膳食纤维、维生素 A，有利于骨骼发育，可提高身体免疫力，可保护宝宝视力。

糖类、蛋白质、脂肪、维生素、矿物质
嫩鸡萝卜粥

材料
白米饭 50 克，胡萝卜 10 克，鸡胸肉 20 克，土豆 20 克，洋葱 5 克，高汤适量

做法
1 鸡胸肉、胡萝卜、土豆和洋葱洗净、去皮、切碎。
2 锅中放入白米饭和高汤煮开后，再放进鸡肉、胡萝卜、土豆、洋葱，煮至食材熟软即可。

> **小叮咛**
>
> 胡萝卜含有丰富的植物纤维，吸水性强，能增强肠道蠕动，其丰富的维生素 A，有助于细胞增殖与生长，可提高人体免疫力、改善眼睛疲劳。

糖类、蛋白质、脂肪、维生素、矿物质
鳕鱼白菜面

材料
面条 30 克，鳕鱼 20 克，大白菜 10 克，海带高汤适量

做法
1 鳕鱼洗净，蒸熟后去刺和皮，压碎；大白菜洗净，切小丁；面条切小段，放入滚水中煮熟后捞出。
2 锅中放入高汤煮开后，再放入大白菜煮软，最后加入面条和鳕鱼拌匀即可。

> **小叮咛**
>
> 鳕鱼是深海鱼类，富含 DHA，有助于宝宝智力发育，且味道清淡，适合宝宝食用。也可以和土豆、胡萝卜一起炖煮，能补充冬天易缺乏的维生素。

糖类、蛋白质、脂肪、维生素、矿物质

蘑菇黑豆粥

材料

白米饭 20 克，黑豆 5 个，蘑菇 20，南瓜 20 克

做法

1 蘑菇洗净剁碎；南瓜洗净，去皮和籽，切丁；黑豆洗净，泡水 30 分钟。

2 锅中放入白米饭、黑豆和水一起熬煮，煮开后加入蘑菇和南瓜，煮熟即可。

小叮咛 ·····

蘑菇富含大量膳食纤维、维生素 A，有利于骨骼发育，可提高身体免疫力，可保护宝宝视力。

糖类、蛋白质、脂肪、维生素、矿物质

鸡肉玉米粥

材料

白米饭 50 克，鸡胸肉 20 克，玉米粒 20 克，海带高汤适量

做法

1 鸡胸肉、玉米粒洗净，入滚水汆烫，捞出切碎。

2 锅中放入海带高汤煮开，再放入鸡胸肉、玉米粒和白米饭，熬煮一下即可。

小叮咛 ·····

鸡肉易消化，好吸收，且脂肪含量少、清淡柔嫩，对肠胃的负担较小，因此适合用来制作辅食。

糖类、蛋白质、脂肪、维生素、矿物质
菜豆牛肉粥

材料

白米粥 60 克，牛肉 30 克，胡萝卜 10 克，
菜豆 30 克，高汤 60 毫升

做法

1 牛肉洗净，氽烫后切碎；菜豆洗净，氽烫后捣成泥；胡萝卜洗净去皮，蒸至熟软后，捣碎。

2 锅中放入白米粥和高汤煮开后，加入胡萝卜、菜豆和牛肉，煮熟即可。

小叮咛 ·······

菜豆除含有丰富的维生素外，还有帮助消化的功能，有益于宝宝肠胃吸收及保健。胡萝卜的营养价值非常高，且经过蒸熟或捣碎后，都不会破坏其营养素。

糖类、蛋白质、脂肪、维生素、矿物质
牛肉蘑菇粥

材料

白米粥 60 克，牛肉 20 克，海带 1 小段，
大白菜叶 1 片，蘑菇 1 朵，胡萝卜 10 克，
食用油适量

做法

1 海带泡开后，洗净切小丁；牛肉洗净，切成末；蘑菇、大白菜各洗净，切小丁；胡萝卜洗净去皮，切小丁。

2 热油锅，放入牛肉、蘑菇、大白菜、胡萝卜炒熟后，加入白米粥拌匀即可。

小叮咛 ·······

牛肉含有丰富的脂肪、蛋白质和铁等，可以补充气血，让宝宝更有活力。挑选牛肉时，注意新鲜度以及脂肪量不要太多即可。

糖类、维生素、矿物质

白菜萝卜汤

材料

大白菜叶 1 片，胡萝卜 15 克，海带 1 小段

做法

1 海带泡水 30 分钟，洗净后切丝；大白菜叶、胡萝卜各洗净，煮熟后切碎。

2 锅中加水，放入海带丝煮至软烂，再加入大白菜和胡萝卜，煮开即可。

小叮咛 ·········

大白菜是宝宝肠道健康、视力发育的好帮手；其含有的锌可提高宝宝免疫力、促进大脑发育；大量粗纤维可帮助消化，并具有清肺止咳的作用。

糖类、维生素、矿物质

白菜清汤面

材料

面条 30 克，大白菜 10 克，海带高汤适量

做法

1 大白菜洗净，切小丁。

2 将面条切小段，放入滚水中，煮熟后捞出沥干。

3 锅中放入海带高汤煮开后，加入大白菜和面条，再次煮开即可。

小叮咛 ·········

用海带所熬煮的高汤，味道清淡好入口，很适合用来制作宝宝的辅食。用海带熬煮高汤时，不用熬煮太久，只要煮到汤汁有颜色即可。

糖类、蛋白质、脂肪、维生素、矿物质
芝士糯米粥

材料

糯米粥 60 克，白米粥 50 克，芝士 1/2 片，
黄豆芽 10 克

做法

1 黄豆芽洗净，烫熟后切小段。

2 锅中放入糯米粥和白米粥加热后，放入
黄豆芽和芝士，边煮边搅拌，待芝士溶
化后即可。

小叮咛 ....

给宝宝食用的芝士，要特别挑选钠含量较
低的芝士，且最好选用原味的芝士，不要
有多余的添加物。也可以自行在家制作芝
士，宝宝吃起来安心又健康。

糖类、蛋白质、脂肪、维生素、矿物质
鲜虾玉米汤

材料

虾仁 5 只，玉米粒 15 克，西蓝花 2 朵，西
红柿末 15 克，高汤 80 毫升，食用油适量

做法

1 虾仁洗净，去肠泥，氽烫后切碎；西蓝
花洗净切碎；玉米粒洗净压碎。

2 热油锅，放入所有切碎的材料翻炒，再
放入西红柿末和高汤，煮开即可。

小叮咛 ....

虾仁能增强体力，因此适合给身体虚弱的
宝宝食用。

糖类、蛋白质、脂肪、维生素、矿物质

花菜虾汤

材料

花菜 40 克，鲜虾 10 克，高汤适量

做法

1 花菜洗净，放入滚水中，煮软后切碎；
鲜虾洗净，去肠泥和虾头，放入滚水中，
煮熟后剥壳、切碎。

2 锅中放入虾仁、花菜和高汤一起熬煮，
煮熟即可。

小叮咛 ⋯⋯⋯⋯⋯⋯⋯⋯⋯⋯⋯⋯

花菜可促进与维持宝宝牙齿及骨骼的正常
发育，保护视力与增加记忆力。更含有丰
富的 β - 胡萝卜素与维生素 C，是营养满
满的好食材。

糖类、蛋白质、脂肪、维生素、矿物质

香葱豆腐泥

材料

豆腐 100 克，鸡蛋 1 个，葱末适量

做法

1 豆腐洗净，放入滚水中，汆烫后压成泥；
鸡蛋煮熟后，取出蛋黄，磨成泥。

2 锅中放入豆腐泥和蛋黄泥，加热拌匀，
再加入适量的葱末，搅拌均匀即可。

小叮咛 ⋯⋯⋯⋯⋯⋯⋯⋯⋯⋯⋯⋯

葱可以促进消化吸收、健脾开胃及增进食
欲；同时能抗菌、抗病毒，其中所含的大
蒜素，具有明显的抵御细菌、病毒的作用。

糖类、蛋白质、脂肪、维生素、矿物质

鸡肉蘑菇饭

材料

白米饭 50 克，鸡肉 30 克，蘑菇 10 克，上海青 10 克，高汤 90 毫升，食用油适量

做法

1. 鸡肉、蘑菇和上海青各洗净、汆烫后，切成 5 毫米大小。
2. 锅中加少许油烧热，放入切好的材料拌炒，再放入白米饭和高汤，煮开即可。

小叮咛

蘑菇含有大量膳食纤维、维生素 A，有利于骨骼发育，可提高身体免疫力，保护宝宝视力。

糖类、蛋白质、脂肪、维生素、矿物质

蔬菜脆片粥

材料

玉米片 50 克，胡萝卜 20 克，茭白笋 20 克，牛奶（配方奶）80 毫升

做法

1. 胡萝卜和茭白笋各洗净、切碎。
2. 锅中放入牛奶、胡萝卜和茭白笋，边煮边搅拌，煮至熟软后再放入玉米片，待玉米片熟软即可。

小叮咛

胡萝卜含有植物纤维、维生素 A，吸水性强，能增强肠道蠕动，可提高人体免疫力，改善眼睛疲劳，有助于细胞增殖与生长。

糖类、蛋白质、脂肪、维生素、矿物质
蘑菇蒸牛肉

材料

牛肉 30 克，蘑菇 20 克，洋葱 20 克，鸡
蛋 1/2 个，面包粉少许，洋葱汁 5 毫升

做法

1 所有食材洗净，分别处理后切碎。

2 蛋打散，加入所有切碎的食材、洋葱汁、
面包粉搅拌均匀，做成圆球状，放入蒸
锅中，蒸熟即可。

小叮咛 ·······························

牛肉是很好的补铁食材，但肉质较有韧性，
宝宝不易消化，因此烹调牛肉时，一定要
将牛肉剁得碎一点，或是煮至软烂，以免
宝宝消化不良。

糖类、蛋白质、脂肪、维生素、矿物质
甜红薯丸子

材料

红薯 40 克，牛奶 100 毫升

做法

1 红薯洗净，去皮，蒸熟后压成泥。

2 红薯泥中加入牛奶，搅拌均匀，揉成丸
子状即可。

小叮咛 ·······························

红薯是根茎类粗纤维食物，富含碳水化合
物与大量膳食纤维，可谓"通便好助手"，
还可以增强人体免疫力。

糖类、蛋白质、脂肪、维生素、矿物质
紫菜小鱼粥

材料
白米粥80克，紫菜10克，芋头10克，
丁香鱼20克，绿色蔬菜20克

做法
1 紫菜撕成小片；绿色蔬菜洗净切碎；丁
   香鱼洗净切碎；芋头洗净，去皮蒸熟后，
   压成泥。
2 锅中放入白米粥加热后，加入所有食材
   煮至熟软即可。

小叮咛
丁香鱼含有丰富的钙质与蛋白质，且柔软
好消化。市面上贩卖的丁香鱼如果看起来
雪白，表示有经过漂白处理，应避免购买。

糖类、蛋白质、脂肪、维生素、矿物质
海带山药虾粥

材料
白米50克，山药30克，虾1只，葱花少许，
海带高汤90毫升

做法
1 白米洗净，浸泡1小时；山药去皮、洗
   净，切小块；虾去壳，去泥肠、洗净，
   切小丁。
2 锅中放入白米和高汤熬煮成粥，再加入
   所有食材煮至熟软即可。

小叮咛
山药含淀粉酶、多酚氧化酶，是健脾益胃助
消化的好帮手，其大量的蛋白质和维生素，
还可增强宝宝体质，提高宝宝的记忆力。

糖类、维生素、矿物质
三角面皮汤

材料

馄饨皮 4 张，菠菜 50 克，盐少许，海带高汤 100 毫升

做法

1 馄饨皮对切成小三角状；菠菜洗净，切细丝。

2 锅中放入高汤煮开后，加入馄饨皮煮软，再放入菠菜，煮熟即可。

小叮咛

菠菜含有丰富的 β－胡萝卜素、维生素 C 和维生素 E、钙、磷、铁及大量植物粗纤维，可促进胃肠蠕动，帮助消化，对于宝宝视力的发育也会有相当大的帮助。

糖类、蛋白质、脂肪、维生素、矿物质
香甜排骨粥

材料

白米粥 80 克，玉米粒 10 克，排骨 20 克

做法

1 玉米粒洗净，剁碎；排骨洗净，剁成小块。

2 锅中加水，以大火煮开后，放入玉米、排骨，转小火熬烂，最后加入白米粥熬煮片刻即可。

小叮咛

玉米维生素含量高，且富含膳食纤维，可促进肠道蠕动、增强新陈代谢能力、助消化、防止便秘，是宝宝智力与脑力发育时的营养来源之一，还可保护眼睛。

糖类、蛋白质、脂肪、维生素、矿物质
鱼肉馄饨汤

材料

鱼肉泥 50 克，馄饨皮 6 张，韭菜末适量，葱末适量，海带高汤 170 毫升

做法

1 鱼肉泥加韭菜末拌匀成馅料，包入馄饨皮中。

2 锅中加入高汤煮开后，放入包好的馄饨，煮至馄饨浮起时，撒上葱末即可。

小叮咛

韭菜是调味的好食材、营养的天然良药，可帮助胃肠道蠕动，治疗便秘，并具有杀菌消炎的功效，还能降低伤风感冒的机率。

糖类、蛋白质、脂肪、维生素、矿物质
菠菜意大利面

材料

意大利面 30 克，菠菜 20 克，白酱 120 克

做法

1 将意大利面放入滚水中，煮熟后捞起沥干；菠菜洗净，烫熟后切细。

2 锅中放入白酱加热后，加入意大利面和菠菜，拌炒均匀即可。

小叮咛

菠菜含有丰富的 β－胡萝卜素、维生素 C 和维生素 E、钙、磷、铁及大量植物粗纤维，可促进胃肠蠕动，帮助消化，对于宝宝视力的发育也会有相当大的帮助。

糖类、蛋白质、脂肪、维生素、矿物质
豆皮菠菜饭

材料
白米饭 40 克，豆皮 3 片，菠菜 20 克，胡萝卜 10 克，芝士碎末 20 克，食用油适量

做法
1 所有食材洗净，分别处理后切丁。
2 锅中放少许油烧热，加入所有切丁食材翻炒均匀，再加入白米饭和水熬煮，最后放入芝士碎末拌匀即可。

小叮咛 ⋯⋯⋯⋯⋯⋯⋯⋯⋯⋯⋯⋯
给宝宝食用的芝士，要特别挑选钠含量较低的芝士，且最好选用原味的芝士，不要有多余的添加物。也可以自行在家制作芝士，宝宝吃起来安心又健康。

糖类、蛋白质、脂肪、维生素、矿物质
南瓜虾炒饭

材料
白米饭 40 克，虾仁 5 只，南瓜 15 克，胡萝卜 5 克，豌豆 3 个，高汤 80 毫升，食用油适量

做法
1 所有食材洗净，处理后烫熟切碎。
2 锅中加少许油烧热，放入所有切碎食材炒香，再加入高汤、白米饭翻炒均匀，炒至汤汁略干即可。

小叮咛 ⋯⋯⋯⋯⋯⋯⋯⋯⋯⋯⋯⋯
虾仁能增强体力，因此适合给身体虚弱的宝宝食用。

糖类、蛋白质、脂肪、维生素、矿物质
金枪鱼丸子汤

材料

金枪鱼肉 40 克，墨鱼 10 克，鸡蛋 1 个，葱花 2 克，面粉少许，高汤 170 毫升

做法

1 所有食材洗净，分别处理后切丁。

2 蛋打散，加入金枪鱼肉、墨鱼、面粉搅拌均匀，揉成丸子状。

3 锅中放入高汤煮开，加入丸子煮熟后，撒上葱花即可。

小叮咛 ···

金枪鱼不仅含有高蛋白，还是低脂肪的食品，其中 DHA 能增强记忆力，帮助学习进步，是宝宝脑部发育不可多得的好食材。

糖类、蛋白质、脂肪、维生素、矿物质
肉泥洋葱饼

材料

猪肉泥 20 克，面粉 50 克，洋葱末 10 克，葱末适量，盐适量

做法

1 将肉泥、洋葱末、面粉、盐、葱末，加水拌匀成面糊。

2 锅中放少许油烧热，用汤匙舀入面糊，整成小圆饼状，煎熟即可。

小叮咛 ···

洋葱维生素及多酚含量高，能提高胃肠道的张力，增加消化液分泌，促进宝宝对铁的吸收，但一次不宜过量食用。

糖类、蛋白质、脂肪、维生素、矿物质
蒸豆腐丸子

材料

豆腐 50 克，蛋黄 1 个，葱末少许，盐少许

做法

1 豆腐洗净，压成豆腐泥；蛋黄打到碗里搅拌均匀。

2 豆腐泥加入蛋黄液、葱末、盐拌匀，揉成豆腐丸子，放入蒸锅中，蒸熟即可。

小叮咛 ············

豆腐含蛋白质、大豆卵磷脂，对宝宝神经、血管以及大脑的生长发育非常有益，也能防止口腔溃疡，其中的钙，能让宝宝骨骼与牙齿的发育更健康。

糖类、蛋白质、脂肪、维生素、矿物质
哈密瓜饼

材料

吐司 1/2 片，哈密瓜 30 克，菠菜 10 克，鸡蛋 1 个，配方奶粉 50 克

做法

1 哈密瓜洗净，去皮和籽后，切成 1 厘米大小；吐司切成 1 厘米大小；菠菜取用嫩叶，洗净汆烫后切细。

2 蛋打散，加入奶粉拌匀，加入所有切好的食材混合均匀，蒸熟即可。

小叮咛 ············

哈密瓜含有 B 族维生素，有很好的保健功效。其维生素 C 有助于增强人体抗病能力。钾含量丰富，可防止冠心病、帮助身体从损伤中迅速恢复。

糖类、蛋白质、脂肪、维生素、矿物质

什锦稀饭

材料

白米饭 50 克，茄子 20 克，西红柿 20 克，土豆泥 10 克，肉末 5 克，蒜末少许，海带高汤 90 毫升，食用油适量

做法

1 茄子洗净切碎；西红柿洗净，去皮切丁；肉末加土豆泥拌匀。

2 锅中放少许油烧热，加入所有食材炒香，再加入白米饭和高汤煮开即可。

小叮咛 ············

茄子富含 B 族维生素和维生素 C，可增强代谢能力，保护心血管，但要注意秋后茄子偏苦，脾胃虚寒、气喘者不宜多吃。

糖类、蛋白质、脂肪、维生素、矿物质

鲜虾花菜

材料

花菜 40 克，虾仁 10 克，高汤适量

做法

1 花菜洗净，煮软后切碎；虾去泥肠后洗净，煮熟后剥壳切碎。

2 锅中放入高汤煮开，再加入虾仁、花菜拌匀即可。

小叮咛 ············

虾仁能增强体力，因此适合给身体虚弱的宝宝食用。

糖类、蛋白质、脂肪、维生素、矿物质
金枪鱼蛋卷

材料

鸡蛋 1 个，金枪鱼 20 克，胡萝卜 10 克，菠菜 10 克，食用油适量

做法

1 所有食材洗净，分别处理后切丁。

2 锅中放少许油烧热，放入所有切丁食材炒熟，盛起备用；原锅再下少许油，将蛋打散，倒入蛋液，煎成蛋皮，放入炒熟的食材卷起来，切成小段即可。

小叮咛 ▸

金枪鱼不仅含有高蛋白，而且还是低脂肪的食品，其中 DHA 能增强记忆力，帮助学习进步，是宝宝脑部发育的好帮手。

糖类、蛋白质、脂肪、维生素、矿物质
蘑菇豆花汤

材料

蘑菇 30 克，豆花 50 克，木耳 10 克，姜末少许，盐少许，高汤 100 毫升，食用油适量

做法

1 蘑菇、木耳各洗净、切碎。

2 锅中放少许油烧热，加入姜末爆香，接着下蘑菇、木耳翻炒后，加高汤煮开，再加入豆花焖煮 3 分钟，最后加盐调味即可。

小叮咛 ▸

木耳一定要炖得很烂，才容易被肠胃消化吸收，但要注意肠胃虚弱或正在腹泻的宝宝不宜食用。

糖类、蛋白质、脂肪、维生素、矿物质
花生汤饭

材料
白米饭40克，鸡胸肉15克，上海青15克，秀珍菇10克，蘑菇10克，剁碎的花生15克，鸡肉高汤80毫升，食用油适量

做法
1 所有食材先煮熟，再切成1厘米大小。
2 锅中放少许油烧热，加入所有切好的食材炒熟，再加入白米饭和高汤煮开后，撒上碎花生即可。

小叮咛 ·················

鸡肉易消化，好吸收，且脂肪含量少、清淡柔嫩，对肠胃的负担较小，因此适合用来制作辅食。

糖类、蛋白质、脂肪、维生素、矿物质
香蕉蛋糕

材料
香蕉40克，海绵蛋糕30克，蛋黄末10克，配方奶粉15克

做法
1 香蕉去皮，磨成泥后，加入蛋黄末和奶粉混合均匀，再用筛网过滤；海绵蛋糕剁碎。
2 将所有食材混合拌匀，倒入凹型模具中，放入烤箱烤熟即可。

小叮咛 ·················

香蕉丰富的维生素A能促进生长，增强对疾病的抵抗力，同时可以保护视力，促进食欲、助消化，保护神经系统。

糖类、蛋白质、维生素、矿物质

红豆南瓜粥

材料

糯米粥 50 克，红豆 10 克，南瓜 20 克，板栗 1 个

做法

1 红豆洗净，放入滚水中煮熟后，磨碎。

2 板栗煮熟切小丁；南瓜蒸熟后去皮，压成泥。

3 锅中放入糯米粥和水煮开后，再放入板栗、红豆和南瓜，稍煮片刻即可。

小叮咛

南瓜含丰富的维生素 E，能维持各种脑下垂体激素的分泌正常，使宝宝生长发育维持正常的健康状态，还可以增强免疫力。

糖类、蛋白质、维生素、矿物质

香菇蔬菜面

材料

鸡蛋面条 50 克，香菇 5 克，菠菜 20 克，木耳 5 克，高汤 100 毫升

做法

1 香菇洗净、切碎；鸡蛋面条切成小段；菠菜洗净汆烫后，沥干剁碎；木耳洗净，剁碎。

2 锅中放入高汤煮开后，放入所有材料煮熟即可。

小叮咛

香菇是宝宝感冒时抵抗疾病的最佳食材，其含有丰富的维生素 D、钙、铁与锌等，都能促进骨骼发育。

part 6

幼儿期营养食谱 64 道

已经断奶的宝宝，和大人一样一日三餐，偶尔吃点心。可以开始让宝宝练习自己吃饭，慢慢培养宝宝用餐的好习惯，爸爸妈妈更应该和宝宝一起吃饭，可以让宝宝吃得更开心哦！

火龙果西米捞

菇菇五谷粥

黑白冰激凌

牛蒡海带芽肉粥

糖类、蛋白质、脂质、维生素、矿物质

火龙果西米捞

材料

火龙果 50 克，木瓜 50 克，西米露适量，牛奶适量

做法

1 将西米露煮熟，放凉后加入牛奶中。

2 火龙果和木瓜对半切开，用汤匙挖出果肉，呈小球状，再放入西米奶露中搅拌均匀即可。

小叮咛 ....

火龙果可帮助清除体内的重金属、保护胃壁，富含水溶性膳食纤维，可缓解宝宝便秘；所含铁元素含量比一般水果的高，对造血功能有一定的帮助。

糖类、蛋白质、脂肪、维生素、矿物质

黑白冰激凌

材料

豆腐 100 克，黑芝麻 30 克，牛奶 100 毫升，白糖 10 克，鲜奶油少许

做法

1 豆腐洗净，放入滚水中烫熟后，取出沥干压成泥状。

2 将黑芝麻、豆腐、牛奶与鲜奶油一同放进搅拌机中搅打均匀，再加白糖调味，最后用盒子分装，放进冰箱的冷藏库约 2 ～ 3 小时就能食用。

小叮咛 ....

豆腐含蛋白质、大豆卵磷脂，对宝宝神经、血管以及大脑的生长发育非常有益，也能防止口腔溃疡，其中的钙，能让宝宝骨骼与牙齿的发育更健康。

糖类、蛋白质、脂肪、维生素、矿物质

菇菇五谷粥

材料

五谷饭 50 克，上海青 20 克，胡萝卜 20 克，舞菇 20 克，鸡胸肉 50 克，高汤 200 毫升

做法

1 上海青洗净，焯烫后捞起切碎；胡萝卜洗净，去皮切丁；舞菇洗净，切碎；鸡胸肉洗净，放入滚水中汆烫，捞起切碎。

2 锅中放入高汤、五谷饭和所有食材，以中小火炖煮 10 分钟即可。

小叮咛 ....

五谷米在煮之前，一定要先泡水 2 ～ 3 小时以上，再放入电锅中，100 克的五谷米，内锅要加 1000 毫升水，外锅加 200 毫升水，蒸煮至熟，焖 10 分钟即可。

糖类、蛋白质、脂肪、维生素、矿物质

牛蒡海带芽肉粥

材料

白米饭 50 克，海带芽 10 克，猪绞肉 30 克，牛蒡 30 克，高汤 200 毫升，白芝麻粉少许

做法

1 海带芽洗净，泡水软化；猪绞肉洗净，放入滚水中汆烫，过滤杂质后捞起；牛蒡刷洗后切碎。

2 锅中放入高汤与白米饭，再加入所有食材一起炖煮 10 分钟即可。

小叮咛 ....

牛蒡含有的维生素 A 对清除体内垃圾，预防肿瘤，治疗夜盲症，保护视力有很好的作用。

核桃豌豆苗粥

鲜菇芝士饭

红豆牛蒡炖肉饭

蔬菜松饼

糖类、蛋白质、脂肪、维生素、矿物质
鲜菇芝士饭

材料

五谷米 30 克，白米 30 克，四季豆 30 克，鲜香菇 30 克，鸡柳 50 克，芝士适量，高汤 200 毫升

做法

1 四季豆洗净，切碎；鸡柳洗净，放入滚水中氽烫，捞出沥干切碎；香菇洗净，切丁。

2 五谷米和白米先浸泡 2 ~ 3 小时，再放入电锅内，内锅加适量水，外锅加 200 毫升水，蒸至熟软。

3 锅中放入高汤和所有食材，以中小火炖煮 10 ~ 15 分钟，放入芝士收汁即可。

小叮咛

给宝宝食用的芝士，要特别挑选钠含量较低的芝士，且最好选用原味的芝士。

糖类、蛋白质、脂肪、维生素、矿物质
蔬菜松饼

材料

鸡蛋 1 个，上海青 15 克，豌豆苗 10 克，洋葱 20 克，胡萝卜 10 克，低筋面粉 60 克，牛奶（或配方奶）20 毫升，奶油少许

做法

1 洋葱、胡萝卜洗净去皮，烫熟后切碎；上海青、豌豆苗洗净，切碎；低筋面粉过筛，放入糖、牛奶与蛋，均匀打成蛋液，再加入洋葱、胡萝卜、上海青、豌豆苗拌匀成松饼糊。

2 平底锅中放入奶油，溶化后放入松饼糊，将两面煎至金黄即可。

小叮咛

豌豆苗含有较多粗纤维，可促进胃肠蠕动、帮助消化，但脾胃虚寒者、消化功能不佳或是严重胀气者则不宜多吃。

糖类、蛋白质、脂肪、维生素、矿物质
核桃豌豆苗粥

材料

白米饭 50 克，核桃仁 15 克，蒜头 2 瓣，豌豆苗 20 克，高汤 200 毫升

做法

1 将蒜头去皮切碎；核桃拍打至碎；豌豆苗洗净，沥干切碎。

2 核桃与蒜头放入锅内用小火干炒 5 分钟，再放入豌豆苗、白米饭与高汤，炖煮 8 ~ 10 分钟即可。

小叮咛

豌豆苗含有较多粗纤维，可促进胃肠蠕动、帮助消化，但脾胃虚寒者、消化功能不佳或是严重胀气者则不宜多吃。

糖类、蛋白质、脂肪、维生素、矿物质
红豆牛蒡炖肉饭

材料

白米饭 50 克，红豆 20 克，牛蒡 20 克，胡萝卜 30 克，猪绞肉 30 克，高汤 300 毫升

做法

1 猪绞肉洗净，沥干切碎；胡萝卜洗净，去皮切细丁；牛蒡洗净，去皮切丁；红豆泡水 1 晚后，放入滚水中煮熟。

2 锅中放入高汤、白米饭和所有食材，一同以中小火炖煮 10 ~ 15 分钟即可。

小叮咛

牛蒡含有的维生素 A 对清除体内垃圾，预防肿瘤，治疗夜盲症，保护视力有很好的作用。

香橙牛肉炖饭

小白菜三文鱼焗饭

黑白双菇牛肉饭

豌豆核桃面疙瘩

糖类、蛋白质、脂肪、维生素、矿物质

香橙牛肉炖饭

材料

白米饭 50 克，橙子 30 克，牛肉薄片 2 片，小黄瓜 30 克，甜椒 30 克，高汤 100 毫升，葱花少许，橄榄油少许

做法

1 橙子洗净，去皮和籽，切丁；小黄瓜洗净，切丁；甜椒洗净，去籽切丁；牛肉薄片洗净切丁。

2 锅内放入少许橄榄油，爆香葱花，再放入牛肉、小黄瓜和甜椒用大火快炒，将高汤倒入炖煮至汤汁快收干时，放入橙子快炒 1 分钟即可。

> **小叮咛** ....
>
> 橙子一般最后放，以免过度烹煮会让口感变酸；或是可以提前将橙子榨汁，果肉部分留着拌炒使用。

糖类、蛋白质、脂肪、维生素、矿物质

黑白双菇牛肉饭

材料

白米饭 50 克，牛肉薄片 2 ~ 3 片，秀珍菇 30 克，舞菇 30 克，葱 10 克，蒜头 2 瓣，青椒 20 克，橄榄油少许，盐少许

做法

1 秀珍菇、舞菇、葱洗净切碎；青椒洗净，去籽切碎；蒜头洗净，去皮切碎；牛肉薄片洗净，切碎。

2 锅中加橄榄油，爆香蒜头与葱，再加入所有材料，以大火快炒至熟即可。

> **小叮咛** ....
>
> 牛肉是很好的补铁食材，但肉质较有韧性，宝宝不易消化，因此烹调牛肉时，一定要将牛肉剁得碎一点，或是煮至软烂，以免宝宝消化不良。

糖类、蛋白质、脂肪、维生素、矿物质

小白菜三文鱼焗饭

材料

白米饭 50 克，小白菜 50 克，三文鱼 40 克，玉米 20 克，甜椒 10 克，蘑菇 10 克，姜 2 片，高汤 100 毫升，芝士适量

做法

1 小白菜、蘑菇、玉米洗净，汆烫后沥干切碎；三文鱼洗净，和姜片一起放入电锅中，蒸至熟软，再去掉刺和皮；甜椒洗净，去籽切碎。

2 将白米饭、高汤和所有食材搅拌均匀，放入深盘中，铺上芝士，再放入烤箱内，用 180 度烤 20 分钟即可。

> **小叮咛** ....
>
> 玉米维生素含量高，且富含膳食纤维，可促进肠道蠕动、增强新陈代谢能力、助消化、防止便秘，是宝宝智力与脑力发育时的营养来源之一，还可保护眼睛。

糖类、蛋白质、脂肪、维生素、矿物质

豌豆核桃面疙瘩

材料

土豆面疙瘩 50 克，核桃 5 粒，碗豆 50 克，葱 10 克，蒜头 2 个，橄榄油 10 毫升，盐少许

做法

1 将土豆面疙瘩放入滚水中，煮熟备用；碗豆洗净，沥干切碎；核桃拍碎；葱洗净，切丁；蒜头去皮，洗净切碎。

2 平底锅内放入橄榄油，加入所有食材，以中火拌炒，再倒入土豆面疙瘩与少许盐拌匀即可。

> **小叮咛** ....
>
> 核桃含有 B 族维生素、维生素 E，能促进血液循环，不仅能给皮肤和头发提供养分，还能清醒头脑，促进大脑活动，可以帮助宝宝增长智力。

鲈鱼糙米元气粥

鲈鱼巧达汤

多利鱼米粉汤

意式苋菜鱼排面

糖类、蛋白质、脂肪、维生素、矿物质
鲈鱼糙米元气粥

材料

糙米 50 克，鲈鱼 50 克，胡萝卜 10 克，青豆仁 10 克，芝麻油 5 毫升，盐少许

做法

1 鲈鱼洗净，去皮和刺；胡萝卜洗净，去皮切丁；青豆仁洗净，用汤匙压碎；糙米洗净，放入水中浸泡 12 小时。

2 锅中放入水和所有食材，放入电锅中，外锅加 200 毫升水，蒸至熟软，再加入盐与芝麻油搅拌均匀即可。

小叮咛 ·······················

糙米富含的维生素 E 可以促进血液循环，让大脑内维持充足的氧，确保宝宝脑部机能可以正常运作。吃坚果类（腰果、栗子、核桃等）也有助于摄取维生素 E。

糖类、蛋白质、脂肪、维生素、矿物质
多利鱼米粉汤

材料

细米粉 50 克，多利鱼 50 克，芋头 30 克，鲜香菇 1 朵，菠菜末 15 克，蔬菜高汤适量

做法

1 芋头洗净，去皮刨丝，焯烫 1 分钟后捞起沥干；香菇洗净，切小片；米粉泡温水软化；多利鱼洗净，切小片。

2 锅中放入高汤和米粉煮软，再放芋头、香菇和多利鱼，最后放入菠菜末煮开即可。

小叮咛 ·······················

多利鱼口感近似鳕鱼，肉质细嫩无刺、无腥味，同时能滋阴养血、补气开胃，老人小孩都可经常食用。

糖类、蛋白质、脂肪、维生素、矿物质
鲈鱼巧达汤

材料

糙米（可用五谷米代替）30 克，鲈鱼 100 克，胡萝卜 50 克，洋葱 10 克，香菇 30 克，配方奶 100 毫升，高汤适量，橄榄油少许，香菜叶少许

做法

1 胡萝卜、洋葱洗净，去皮切块，与洗净的糙米一同蒸至熟软；香菇洗净，切碎；鲈鱼洗净，去皮和刺；香菜叶洗净。

2 蒸熟的胡萝卜和洋葱放入搅拌机中，加入高汤，搅打成酱汁备用。

3 平底锅中放入少许橄榄油，将鱼煎熟，再放香菇、酱汁、糙米煮至熟软，倒入配方奶搅拌均匀，煮开后加入香菜叶即可。

糖类、蛋白质、脂肪、维生素、矿物质
意式苋菜鱼排面

材料

意大利面 50 克，多利鱼 150 克，小西红柿 10 克，苋菜 50 克，罗勒 10 克，蒜末 5 克，无盐奶油 30 克，橄榄油少许

做法

1 意大利面煮熟后，加橄榄油拌匀以免黏住；小西红柿、苋菜、罗勒洗净，切碎；多利鱼洗净擦干。

2 锅中放入无盐奶油，将蒜末煎至金黄色，再放入鱼煎熟，最后放入小西红柿、罗勒叶、水、意大利面和苋菜，待汤汁收干后即可。

小叮咛 ·······················

苋菜具有人体最容易吸收的钙质，对宝宝牙齿、骨骼的生长非常有帮助。

黄金芋泥肉丸子

牛肉秋葵炒饭

秋葵豆腐丸子汤

鲜彩木耳汤面

糖类、蛋白质、脂肪、维生素、矿物质
黄金芋泥肉丸子

材料

五谷饭50克，芋头80克，土豆20克，猪绞肉50克，西蓝花10克，胡萝卜10克，洋葱10克，蛋黄1个

做法

1 芋头、胡萝卜、土豆、洋葱洗净，去皮切丁；西蓝花洗净切碎；猪绞肉洗净，沥干切碎。

2 将所有食材与蛋黄一同搅拌均匀成馅料，用五谷饭包入馅料，做成圆球状，放入电锅内，外锅加200毫升水，蒸至熟软即可。

小叮咛

芋头能增强宝宝免疫力与抵抗力，其中矿物质氟含量较高，具有保护牙齿作用，给宝宝吃的芋头要炖烂一点。

糖类、蛋白质、维生素、矿物质
鲜彩木耳汤面

材料

木耳30克，胡萝卜20克，莲藕20克，豆腐10克，葱20克，面条30克，高汤适量，盐少许

做法

1 木耳洗净，去蒂切碎；胡萝卜、莲藕洗净，去皮切碎；豆腐洗净，切小丁；葱洗净，切碎；面条放入滚水中煮熟后，捞起沥干。

2 锅中放入高汤，再加入所有食材，炖煮至熟，加入面条即可。

小叮咛

木耳一定要炖得很烂，才容易被肠胃消化吸收，但要注意肠胃虚弱或正在腹泻的宝宝不宜食用。

糖类、蛋白质、脂肪、维生素、矿物质
牛肉秋葵炒饭

材料

白米饭50克，薄片牛肉50克，鲜香菇20克，玉米笋15克，腰果2个，胡萝卜20克，黑芝麻少许，食用油适量

做法

1 胡萝卜洗净，去皮切小丁；香菇去蒂，洗净切小丁；玉米笋洗净切小丁；牛肉洗净切碎；腰果捣碎。

2 锅内放入少许油烧热，加入所有食材拌炒，最后撒上少许黑芝麻即可。

小叮咛

秋葵草酸含量低，对于钙的吸收利用率较高，还能预防贫血、有益视网膜健康、维护视力。

糖类、蛋白质、脂肪、维生素、矿物质
秋葵豆腐丸子汤

材料

西红柿30克，豆腐20克，猪绞肉30克，秋葵20克，高汤适量，盐少许

做法

1 西红柿洗净，切小块；豆腐洗净，切小丁；猪绞肉放入碗中，加少许盐调味，均匀搅拌；秋葵洗净，斜切小块。

2 锅中倒入高汤，放入西红柿、豆腐与秋葵炖煮，再将绞肉捏成圆球状放入锅中，煮熟即可。

小叮咛

秋葵草酸含量低，对于钙的吸收利用率较高，还能预防贫血、有益视网膜健康、维护视力，其中的果胶具有保护皮肤、增加皮肤弹性的效果。

鸡丝蛋炒饭

芝麻叶炖饭

野菇时蔬炊饭

香蕉燕麦片饼干

糖类、蛋白质、脂肪、维生素、矿物质

芝麻叶炖饭

材料

白米饭 50 克，无刺虱目鱼肚 50 克，苹果 20 克，芝麻叶 30 克，洋葱 10 克，无盐奶油 5 克，金针菇 10 克，高汤 300 毫升

做法

1 虱目鱼肚洗净；苹果、洋葱洗净，去皮切小丁；金针菇洗净去根部，切碎；芝麻叶洗净，汆烫后沥干切碎。

2 锅中放入无盐奶油、洋葱拌炒，再将虱目鱼肚煎熟，接着放入金针菇与白米饭炒匀，加入高汤以中火炖煮至收汁，起锅前加入芝麻叶与苹果丁即可。

小叮咛 ⋯⋯⋯⋯⋯⋯⋯⋯⋯⋯⋯⋯⋯⋯⋯⋯

芝麻叶含水溶性钙、铁、锌、锰、叶酸、矿物质与多种维生素等营养成分，有润肠促进蠕动、改善便秘的作用。

糖类、蛋白质、脂肪、维生素、矿物质

野菇时蔬炊饭

材料

白米饭 50 克，无刺虱目鱼肚 100 克，胡萝卜 10 克，包菜 30 克，洋葱 20 克，舞菇 20 克，小黄瓜 20 克，盐少许，食用油适量

做法

1 舞菇洗净切碎；虱目鱼肚洗净；胡萝卜、洋葱洗净，去皮切丁；小黄瓜洗净切丁；包菜洗净切碎。

2 锅中放入少许油烧热，加入洋葱、虱目鱼肚干煎至变色，再放入剩下的食材一同拌炒，最后加少许盐调味即可。

小叮咛 ⋯⋯⋯⋯⋯⋯⋯⋯⋯⋯⋯⋯⋯⋯⋯⋯

虱目鱼肚肉质鲜甜，富含高蛋白质、维生素，且低脂肪、低胆固醇，EPA 和 DHA 含量都比鳗鱼高。

糖类、蛋白质、脂肪、维生素、矿物质

鸡丝蛋炒饭

材料

白米饭 50 克，小黄瓜 60 克，洋葱 20 克，鸡蛋 1 个，甜椒 20 克，鸡胸肉 30 克，黑芝麻 5 克，盐少许，食用油适量

做法

1 小黄瓜洗净切小丁；蛋打散；洋葱洗净，去皮切碎；甜椒洗净，去籽切小丁；鸡胸肉洗净，汆烫去血水，切碎。

2 锅中加入少许油烧热，放入蛋液快速拌炒至成形，再加入洋葱、鸡肉、甜椒与小黄瓜继续拌炒，最后加入少许盐和黑芝麻，炒 3 分钟即可。

小叮咛 ⋯⋯⋯⋯⋯⋯⋯⋯⋯⋯⋯⋯⋯⋯⋯⋯

鸡蛋蛋黄的部分，营养价值比蛋白多。鸡蛋是高蛋白食品，如果食用过多，会导致代谢产物增多，同时也增加肾脏负担。

糖类、蛋白质、脂肪、维生素、矿物质

香蕉燕麦片饼干

材料

香蕉 2 支，苹果 50 克，松饼粉 200 克，大燕麦片 100 克，盐 3 克，豆浆 130 毫升，蔓越莓干 30 克，杏仁碎末 50 克，橄榄油 30 毫升

做法

1 香蕉、苹果去皮后磨成泥，蒸至熟软。

2 将松饼粉、大燕麦片、香蕉苹果泥和盐混合拌匀，再倒入豆浆、蔓越莓干、杏仁碎末与橄榄油，揉成面团，用保鲜膜包覆，静置 20 分钟。

3 将面团分成数小块压平，放在铺有烘焙纸的烤盘上，刷上少许橄榄油，放进烤箱以 180℃烤 15 ~ 20 分钟即可。

鲷鱼葫芦馄饨汤

双果果冻

四四如意炒面

腰果牛肉蛋炒饭

糖类、蛋白质、脂肪、维生素、矿物质

鲷鱼葫芦馄饨汤

材料

鲷鱼 50 克，葫芦 50 克，姜 5 克，蛋白 20 克，葱 30 克，香菜 5 克，馄饨皮适量，盐适量，生粉少许

做法

1 香菜洗净切碎；姜、葫芦去皮，洗净切碎；葱洗净切碎；鲷鱼洗净切碎，放入葫芦、盐、生粉、姜末、葱末与蛋白搅拌均匀成馅料。

2 将馄饨皮包入馅料，放入滚水中煮熟，最后放入香菜提味即可。

小叮咛

葫芦能强健骨骼与牙齿的发育，富含维生素 A、维生素 C、葡萄糖与 β–胡萝卜素，并含有钙、磷、铁与糖类，夏日食用清凉并解渴。

糖类、蛋白质、脂肪、维生素、矿物质

四四如意炒面

材料

木耳 15 克，胡萝卜 10 克，猪肉 20 克，芦笋 20 克，面条 30 克，白芝麻少许，盐少许，食用油适量

做法

1 木耳、芦笋、胡萝卜洗净切碎；猪肉洗净，放入滚水中汆烫去血水，捞起切细丝；面条煮熟后捞起；白芝麻捣碎。

2 锅中放少许油烧热，再放入所有食材与面条一同拌炒，最后加盐调味、撒上白芝麻粉即可。

小叮咛

面条可放些橄榄油滋润以免黏住，可用食物剪将面条剪适合宝宝食用的长度。

糖类、蛋白质、维生素、矿物质

双果果冻

材料

火龙果泥 100 克，芒果泥 100 克，洋菜粉 5 克

做法

1 火龙果与芒果洗净，去皮切块，放入搅拌机中打成泥。

2 锅中放入水与洋菜粉，加热搅拌至洋菜粉完全溶解，再放入果泥搅拌均匀。

3 待凉后倒入容器中，放入冰箱冷藏至凝固即可。

小叮咛

火龙果可帮助清除体内的重金属、保护胃壁，其富含的水溶性膳食纤维，可缓解宝宝便秘，其中铁元素含量比一般水果高，对于造血功能有一定的帮助。

糖类、蛋白质、脂肪、维生素、矿物质

腰果牛肉蛋炒饭

材料

白米饭 50 克，甜椒 40 克，腰果 3 个，鸡蛋 1 个，西蓝花 15 克，牛肉 30 克，洋葱 10 克，蒜头少许，盐少许，食用油适量

做法

1 甜椒洗净，去籽切丁；腰果拍碎；西蓝花洗净，烫熟切碎；洋葱、蒜头洗净，去皮切碎；牛肉洗净，汆烫去血水，切碎；鸡蛋打散。

2 锅中放油烧热，倒入蛋液快速炒熟，再放入蒜末与洋葱炒香，接着放入牛肉、西蓝花、甜椒与白米饭拌炒，加少许盐调味即可。

小叮咛

炒饭的蛋入锅后要用筷子快速搅拌以免粘锅，也可放入少许米酒去腥味。

土豆胡萝卜卷

什锦鲷鱼烩饭

意式茄汁炖饭

三文鱼毛豆炒面

178

糖类、蛋白质、脂肪、维生素、矿物质
土豆胡萝卜卷

材料

去边全麦吐司 1 片，土豆 30 克，胡萝卜 20 克，猪绞肉 15 克

做法

1 土豆、胡萝卜洗净，去皮切块；猪绞肉洗净，和土豆、胡萝卜一同蒸至熟软后，打成泥。

2 用吐司包入打成泥的馅料，卷起来，再将卷好的吐司放入烤箱内，以 180 度烤 3 分钟，切小段即可。

小叮咛 ·········

胡萝卜含有植物纤维，吸水性强，能增强肠道蠕动，提高人体免疫力，改善眼睛疲劳等。

糖类、蛋白质、脂肪、维生素、矿物质
三文鱼毛豆炒面

材料

面条 20 克，肉丝 40 克，三文鱼 50 克，毛豆 20 克，胡萝卜 20 克，蒜末 15 克，姜 1 片，高汤 200 毫升，食用油适量

做法

1 毛豆、胡萝卜洗净切碎，三文鱼洗净，与姜片一同放入电锅蒸至熟软，再去除鲑的皮和刺，捣碎；面条煮熟备用。

2 锅中放油烧热，爆香蒜末，放入肉丝炒至变色，再将胡萝卜、毛豆、三文鱼、面条与高汤一同放入锅内，炖煮 8 ~ 10 分钟即可。

小叮咛 ·········

三文鱼含有丰富的蛋白质、铁、钙、不饱和脂肪酸、各种维生素、微量元素以及宝宝成长发育所需要的 DHA，其中还含有与免疫机能有关的酵素，营养价值非常高。

糖类、蛋白质、脂肪、维生素、矿物质
什锦鲷鱼烩饭

材料

白米饭 30 克，洋葱 10 克，青椒 30 克，玉米 20 克，胡萝卜 20 克，鲷鱼片 30 克，高汤少许，食用油适量

做法

1 青椒洗净，去籽切碎；玉米洗净，用刀背压碎；胡萝卜、洋葱洗净，去皮切碎；鲷鱼片洗净，烫熟后压成泥。

2 锅中放油烧热，加入洋葱炒至金黄色，再放入青椒、玉米、胡萝卜与白米饭拌炒均匀，最后放入高汤、鲷鱼泥煮至收汁即可。

小叮咛 ·········

鲷鱼富含 DHA、EPA 以及维生素、矿物质，能提高宝宝消化吸收率，适合肠胃较弱的宝宝食用。

糖类、蛋白质、脂肪、维生素、矿物质
意式茄汁炖饭

材料

白米饭 50 克，蘑菇 20 克，洋葱 30 克，鸡胸肉 50 克，西红柿 30 克，牛奶（配方奶）100 毫升，蒜末、芝士、奶油各少许

做法

1 蘑菇、洋葱、西红柿、鸡胸肉洗净，切碎备用。

2 锅中放入奶油，以小火溶化后，加入洋葱、蒜末拌炒至变金黄色后，再放入鸡肉、西红柿、蘑菇、白米饭与高汤一同炖煮，最后放入芝士搅拌均匀即可。

小叮咛 ·········

蘑菇含有大量膳食纤维、维生素 A，有利于骨骼发育，可提高身体免疫力，保护宝宝视力。

南瓜菇菇鱼炖饭

香甜南瓜麦片

菠菜双菇炒蛋

南瓜宝宝肉饼

糖类、蛋白质、脂肪、维生素、矿物质
南瓜菇菇鱼炖饭

材料

白米饭 50 克，南瓜 20 克，洋葱 10 克，胡萝卜 10 克，香菇 2 朵，菠菜 1 把，丁香鱼 15 克，柴鱼高汤适量，芝士少许，橄榄油少许

做法

1 南瓜、胡萝卜、洋葱洗净，去皮切丁；香菇、菠菜洗净，切碎；丁香鱼泡水去盐分，洗净切碎。

2 锅内放入橄榄油，加入所有食材拌炒，再倒入高汤，以中小火炖煮 10 分钟后，再放入菠菜、芝士，煮至汤汁收干即可。

小叮咛

一般炖饭是用生米去煮，这里可用隔夜饭代替；丁香鱼可用其他白鱼肉代替，如多利鱼、鳕鱼。

蛋白质、维生素、矿物质
香甜南瓜麦片

材料

南瓜 40 克，麦片 10 克

做法

1 南瓜洗净，削皮去籽，切小块，放入电锅内蒸至熟软。

2 将麦片与水一同放入锅内煮开，再加入蒸好的南瓜，一起炖煮至软烂即可。

小叮咛

南瓜含有丰富的维生素 A、维生素 E，可改善与增强免疫力，其大量的锌还是促进生长发育的好帮手。

糖类、蛋白质、脂肪、维生素、矿物质
菠菜双菇烘蛋

材料

鸡蛋 1 个，蘑菇 10 克，香菇 10 克，葱花 30 克，菠菜 10 克，食用油适量

做法

1 菇类、葱洗净切碎；菠菜洗净，放入滚水中氽烫 1 分钟，捞起沥干切碎；蛋打散。

2 热油锅，放入葱花拌炒至香气出来后，再放入菇类与菠菜继续拌炒，接着加入蛋液，煎熟即可。

小叮咛

菠菜含有丰富的 β－胡萝卜素、维生素 C 和维生素 E、钙、磷、铁及大量植物粗纤维，可促进胃肠蠕动，帮助消化，对于宝宝视力的发育也会有相当大的帮助。

糖类、蛋白质、脂肪、维生素、矿物质
南瓜宝宝肉饼

材料

南瓜 125 克，瘦猪肉 50 克，蛋黄 1 个，生粉 5 克，橄榄油少许，白芝麻少许

做法

1 瘦猪肉洗净，剁碎成泥；南瓜洗净，去皮和籽，蒸至熟软后捣成泥。

2 将肉泥、蛋黄、生粉与南瓜泥搅拌均匀，揉成圆饼状。

3 锅内倒入橄榄油，放入圆饼，以小火煎至熟透，最后撒上些许白芝麻即可。

小叮咛

宝宝 6 个月之后，才可以喂食蛋黄，而蛋黄的部分，营养价值比蛋白多。鸡蛋是高蛋白食品，如果食用过多，会导致代谢产物增多，同时也增加肾脏负担。

糖类、蛋白质、脂肪、维生素、矿物质

三鲜丝瓜汤

材料
虾仁20克，蟹脚20克，鲜干贝1个，丝瓜150克，姜丝、盐、食用油各适量

做法
1 将丝瓜洗净去皮，切成小块；虾仁洗净，挑去肠泥；干贝洗净，切小丁；蟹脚洗净。

2 起油锅，爆香姜丝，放入虾仁、蟹脚、干贝翻炒，再加入丝瓜和适量水，等丝瓜熟软后加入盐调味即可。

糖类、蛋白质、脂肪、维生素、矿物质

竹笋肉羹

材料
竹笋丝50克，猪肉末50克，胡萝卜丝30克，鸡蛋2个，油菜段、柴鱼片、盐、水淀粉、醋各适量

做法
1 蛋打散，搅拌均匀；肉末加盐和一半蛋液，搅成肉馅。

2 将水、竹笋丝、柴鱼片放入锅中，熬煮15分钟后，再放入胡萝卜丝和油菜段，煮开后加入肉馅，边煮边搅拌；再次煮开后，以水淀粉勾芡，倒入剩余的蛋液，加盐和醋调味即可。

糖类、蛋白质、脂肪、维生素、矿物质

蔬菜鸡肉羹

材料
鸡胸肉50克，土豆10克，南瓜20克，洋葱10克，高汤适量

做法
1 鸡胸肉洗净，切小丁；土豆洗净去皮，蒸熟后压碎；南瓜洗净，去皮和籽，切小丁；洋葱洗净去皮，切小丁。

2 锅中放入高汤煮开后，加入所有食材煮至熟软即可。

糖类、蛋白质、脂肪、维生素、矿物质

豌豆炒虾仁

材料

虾仁 200 克，豌豆 100 克，高汤、盐、玉米粉水、食用油各适量

做法

1 虾仁去肠泥，洗净；豌豆洗净。

2 油锅烧热，放入虾仁、豌豆翻炒，再加入高汤煮开。

3 收汁后，加入玉米粉水勾芡，再放入盐调味即可。

糖类、蛋白质、脂肪、维生素、矿物质

莲藕薏仁排骨汤

材料

排骨 300 克，莲藕 50 克，薏仁 20 克，香菜末适量，芝麻油适量，盐适量

做法

1 莲藕洗净，去皮切片；薏仁洗净，用水泡开；排骨洗净，剁成小块，放入滚水中汆烫去血水。

2 锅中加水、排骨、莲藕、薏仁，煮开后，转中小火续煮 45 分钟。

3 将所有食材煮软后，再加入香菜末、芝麻油、盐，搅拌均匀即可。

糖类、蛋白质、脂肪、维生素、矿物质

鱼蛋饼

材料

鲜鱼 200 克，鸡蛋、葱末、番茄酱、食用油各适量

做法

1 鲜鱼洗净，烫熟后去皮和刺，压碎；蛋打散，加入鱼肉、葱末搅拌均匀。

2 热油锅，将鱼蛋馅做成数个小圆饼状，放入锅中炸至表面金黄，起锅后淋上番茄酱即可。

糖类、蛋白质、脂肪、维生素、矿物质

小黄瓜炒肉丝

材料

猪肉丝 300 克，小黄瓜 50 克，胡萝卜 30 克，盐少许，食用油适量

做法

1 猪肉丝洗净；小黄瓜洗净，切薄片；胡萝卜洗净去皮，切薄片。

2 热油锅，放入胡萝卜炒软，再放入小黄瓜和猪肉丝，炒熟即可。

糖类、蛋白质、脂肪、维生素、矿物质

木耳清蒸鳕鱼

材料

鳕鱼 300 克，木耳 100 克，胡萝卜 50 克，葱丝、姜丝、盐、糖各适量

做法

1 鳕鱼洗净；木耳泡水去杂质，洗净，切成细丝；胡萝卜洗净去皮，切细丝。

2 鳕鱼放入大盘中，撒上木耳丝、胡萝卜丝、姜丝、葱丝、糖、盐，放入蒸锅，用大火蒸 20 分钟即可。

糖类、蛋白质、脂肪、维生素、矿物质

豆腐肉丸

材料

豆腐、莴笋、猪绞肉各 200 克，洋葱 20 克，葱花、蒜末、生粉、盐、酱油、食用油各适量

做法

1 豆腐洗净，捣成泥状；洋葱和莴笋洗净切丝，莴笋丝摆放在盘中。

2 将豆腐泥、猪绞肉、葱花、生粉和盐放入碗中拌匀，做成肉馅。

3 油锅烧至八分热，将肉馅揉成小团状，下锅炸熟，捞出沥油后，放在莴笋上。

4 锅中放入少许油，爆香洋葱丝和蒜末，加入适量的水和酱油，煮成酱汁，淋在豆腐肉丸上即可。

糖类、蛋白质、脂肪、维生素、矿物质

绿豆芽炒肉丝

材料

瘦猪肉丝 200 克，绿豆芽 100 克，葱丝、姜丝、盐、醋、生粉、食用油各适量

做法

1 绿豆芽洗净；猪肉丝加入生粉和盐拌匀腌渍。

2 油锅加热，爆香葱丝和姜丝，再放入肉丝翻炒后，加入绿豆芽、少量水和盐、醋调味即可。

糖类、蛋白质、脂肪、维生素、矿物质

鸡肉沙拉

材料

鸡胸肉 100 克，鸡蛋 1 个，西蓝花、沙拉酱、番茄酱各适量

做法

1 将鸡胸肉洗净，汆烫后切碎；蛋放入滚水中煮熟后，去壳切碎；西蓝花洗净，烫熟后切碎。

2 将色拉酱和番茄酱拌匀，制成酱料。

3 将鸡肉末、蛋、西蓝花放在大碗中，再淋上酱料，拌匀即可。

糖类、蛋白质、脂肪、维生素、矿物质

罗宋汤

材料

牛肉片 300 克，胡萝卜 30 克，土豆 50 克，洋葱 50 克，包菜 100 克，西红柿 50 克，高汤 500 毫升

做法

1 胡萝卜、土豆、洋葱洗净，去皮切丁；西红柿洗净，切丁，包菜洗净，切丝。

2 牛肉片汆烫后捞出，切成小块。

3 将所有蔬菜食材放入锅中，加入高汤，熬煮30 分钟。

4 最后加入牛肉，煮熟即可。

糖类、蛋白质、脂肪、维生素、矿物质

西芹炒中卷

材料

中卷80克，西芹70克，胡萝卜30克，蒜末、盐、食用油各少许

做法

1 西芹洗净、切成细丝状；胡萝卜洗净去皮，切丝；中卷洗净、切小块。

2 热锅中加入少许油，爆香蒜末，放入中卷翻炒，再加入少量水、西芹、胡萝卜，等食材熟软后，加入盐调味即可。

糖类、蛋白质、脂肪、维生素、矿物质

蛋包南瓜丁

材料

西蓝花30克，蛋2个，南瓜100克，葱花、盐、食用油各少许

做法

1 南瓜洗净，去皮后切成小丁；蛋打散成蛋液，加入葱花搅拌均匀；西蓝花洗净，切成小朵，放入滚水中烫熟后，摆入盘中当装饰。

2 热油锅，放入南瓜炒软后，盛起备用。

3 锅中留少许油，放入葱花蛋液，煎成蛋皮，包入南瓜后卷起，切成小段即可。

糖类、蛋白质、脂肪、维生素、矿物质

综合蒸蛋

材料

蛋黄1个，鸡胸肉30克，高汤50毫升，绿色蔬菜适量

做法

1 鸡胸肉洗净，切小丁；蔬菜洗净，切碎。

2 将高汤和蛋黄一起搅拌均匀，倒入碗中，并放入蔬菜和鸡肉丁，再将碗放入蒸锅中，蒸15分钟即可。

糖类、蛋白质、脂肪、维生素、矿物质

红薯牛奶泥

材料

红薯 20 克，牛奶少许

做法

1 红薯洗净，去皮，蒸熟后捣成泥。

2 在红薯泥中加入牛奶，搅拌均匀即可。

糖类、蛋白质、脂肪、维生素、矿物质

小饭团

材料

白米饭 100 克，三文鱼肉 10 克，蛋 25 克，包菜 1 小片，食用油适量

做法

1 将三文鱼洗净，煎熟后去鱼皮、鱼刺，捣碎；包菜洗净，切细丝；蛋打散成蛋液，备用。

2 热锅中加入少许油，放入打散的蛋液、包菜丝和白饭，炒熟后，加入三文鱼搅拌均匀。

3 将炒饭放入模型中，压出型状即可。

糖类、蛋白质、脂肪、维生素、矿物质

小饼干

材料

低筋面粉 240 克，奶油 100 克，白糖 55 克，蛋 1 个，盐适量

做法

1 奶油隔水加热后，加入白糖搅匀，再加入蛋拌匀。

2 加入低筋面粉、盐和适量水后，揉匀，再将面团擀平，用饼干模型押出造型。

3 烤箱预热，放入 160℃的烤箱中，烤 18 分钟左右即可。

糖类、蛋白质、脂肪、维生素、矿物质

胡萝卜炒蛋

材料

胡萝卜20克，鸡蛋1个，葱花、盐、食用油各适量

做法

1 将蛋放入碗中打散，倒入热油锅中，煎成蛋花块，盛出备用。

2 胡萝卜洗净、去皮，切丁，放入热油锅中，炒至熟软，再加入蛋花块翻炒，最后加入少许盐调味，起锅前撒入葱花即可。

糖类、蛋白质、脂肪、维生素、矿物质

培根彩蔬

材料

培根30克，胡萝卜、豌豆各25克，玉米粒15克，雪白菇45克，盐、糖、食用油各少许

做法

1 胡萝卜洗净去皮，切成小丁；雪白菇洗净，去除根部后、切小段；培根切小片；豌豆、玉米洗净。

2 热锅中，放入少量油，以小火炒出培根香味后，放入胡萝卜、雪白菇，翻炒一会，加入少量水、盐、糖调味，再加入豌豆仁、玉米粒，炒熟即可。

糖类、蛋白质、脂肪、维生素、矿物质

白玉鲈鱼片

材料

鲈鱼250克，山药片50克，荷兰豆50克，盐、玉米粉、食用油各适量，蛋白少许

做法

1 鲈鱼洗净，去骨、刺和皮后，切薄片；盐、蛋白、玉米粉混和成粉浆后，放入鱼片，均匀裹上粉浆。

2 锅中注油烧热，放入鱼片，以半煎炸的方式煎熟，取出备用；山药片也过油，捞出备用。

3 锅内留油，放入山药片和荷兰豆翻炒，再放入鱼片拌炒，加盐调味，并以玉米粉水勾芡即可。

糖类、蛋白质、脂肪、维生素、矿物质

芝麻馒头

材料

中筋面粉 150 克，低筋面粉 250 克，酵母粉 1 克，芝麻酱适量

做法

1 将中筋面粉、低筋面粉、酵母粉和水拌成面团，揉匀后盖上保鲜膜，醒 20 分钟。

2 将醒好的面团擀成平面，加入芝麻酱，再将面团和芝麻酱擀匀，分成 3 等份，做成馒头。

3 待蒸锅的水滚，放入馒头，大火蒸 15 分钟即可。

糖类、蛋白质、脂肪、维生素、矿物质

豆芽炒肉丝

材料

胡萝卜 20 克，肉丝 40 克，豆芽 40 克，韭菜 10 克，蒜末、盐、糖、食用油各少许

做法

1 将胡萝卜洗净去皮，切成小片；肉丝切成小段；豆芽洗净，切小段；韭菜洗净，切小段。

2 热锅中加入少量油，炒香蒜末和韭菜，再放入肉丝，翻炒一会，加入胡萝卜和少许水，煮软后再加入豆芽菜翻炒。

3 起锅前，放入盐和糖调味即可。

糖类、蛋白质、脂肪、维生素、矿物质

金针丝瓜

材料

丝瓜 150 克，金针菇 40 克，虾皮 5 克，姜丝、盐、芝麻油、食用油各少许

做法

1 将丝瓜洗净去皮，切小块；金针菇洗净，切小段；虾皮洗净。

2 锅中放入少量油，爆香姜丝和虾皮，放入丝瓜，翻炒一会，加入适量水，盖上锅盖焖煮，等丝瓜熟软后，加入金针菇炒匀，再放入盐调味，起锅前撒上少许芝麻油即可。

糖类、蛋白质、脂肪、维生素、矿物质

牛奶土豆泥

材料

土豆 80 克，牛奶 70 克，洋葱 40 克，胡萝卜 25 克，香菇 20 克，豌豆苗 10 克，白糖、盐、奶油各少许

做法

1 洋葱和胡萝卜洗净去皮，切细丁；香菇洗净，切小丁；豌豆苗洗净，切小段

2 土豆洗净去皮，40 克切成小丁备用，另外 40 克蒸熟后压成泥。

3 将奶油放入热锅中，溶化后，放入洋葱炒香，再加入土豆丁、胡萝卜丁、香菇翻炒一会，加入适量水，盖过食材，再加入土豆泥，搅拌均匀，煮开后倒入牛奶、加入豌豆苗，再加入少许盐、白糖调味，再次煮开即可。

糖类、蛋白质、脂肪、维生素、矿物质

米苔目汤

材料

猪绞肉 5 克，胡萝卜 10 克，芹菜 5 克，马蹄 5 克，大骨汤 50 毫升，米苔目适量，盐少许，食用油适量

做法

1 胡萝卜洗净，去皮切丝；马蹄洗净，切小块；芹菜洗净，切段。

2 热锅中加入油烧热，放入猪绞肉、胡萝卜、芹菜、马蹄炒熟。

3 倒入大骨汤，放入米苔目，待米苔目煮熟后，加入少许盐调味即可。

扫一扫，轻松学

糖类、蛋白质、脂肪、维生素、矿物质

五彩彩菇

part

6

材料

猪肉丝 40 克，鲜香菇 50 克，木耳 40 克，
青椒 30 克，红甜椒 30 克，熟竹笋 30 克，
绿豆芽 30 克，盐、白糖、食用油各适量，
葱白少许

做法

1 将青椒、红甜椒洗净，去白膜后切细丝；
 熟竹笋和木耳分别洗净，切细丝；香菇
 洗净，去蒂头后切小丁；绿豆芽洗净，
 切小段；葱白洗净，切小段。

2 热油锅，放入葱白爆香，再加入肉丝翻炒，
 并依序加入香菇、木耳、竹笋，加入少量
 水、盐和白糖，再加入青椒、红甜椒、绿
 豆芽翻炒，等蔬菜炒熟后即可。

小叮咛

可以用干香菇取代新鲜香菇，但要用温水
浸泡半小时左右，将香菇泡发。

糖类、蛋白质、脂肪、维生素、矿物质

牛奶白菜汤

材料

大白菜 50 克，牛奶 50 克，豌豆苗 20 克，
胡萝卜 30 克，盐、白糖、奶油各适量

做法

1 大白菜、胡萝卜各洗净，切成小丁；豆
 苗洗净，切小段。

2 奶油放入热锅中，溶化后，加入胡萝卜、
 大白菜翻炒，再加水盖过食材。

3 等水煮开后，倒入牛奶，稍加搅拌后加
 入豌豆苗、盐和白糖，再次煮开即可。

小叮咛

大白菜能促进细胞活性、增强免疫力、保
护心脏、帮助伤口愈合、改善肠胃功能，
并可使牙齿、骨骼、神经、肌肉及血液等
维持正常活力。

图书在版编目（CIP）数据

288道婴幼儿餐，聪明宝贝健康吃 / 孙晶丹主编.--
乌鲁木齐：新疆人民卫生出版社，2016.8
ISBN 978-7-5372-6639-0

Ⅰ.①2… Ⅱ.①孙… Ⅲ.①婴幼儿－保健－食谱
Ⅳ.①TS972.162

中国版本图书馆CIP数据核字(2016)第150441号

288道婴幼儿餐，聪明宝贝健康吃

288 DAO YINGYOUERCAN, CONGMING BAOBEI JIANKANGCHI

出版发行	新疆人民出版总社 新疆人民卫生出版社
责任编辑	张鸥
策划编辑	深圳市金版文化发展股份有限公司
版式设计	深圳市金版文化发展股份有限公司
封面设计	深圳市金版文化发展股份有限公司
地　　址	新疆乌鲁木齐市龙泉街196号
电　　话	0991-2824446
邮　　编	830004
网　　址	http://www.xjpsp.com
印　　刷	深圳市雅佳图印刷有限公司
经　　销	全国新华书店
开　　本	185毫米×260毫米　16开
印　　张	12
字　　数	150千字
版　　次	2017年3月第2版
印　　次	2017年3月第2次印刷
定　　价	35.00元